高等学校精品课程教材系列

传感器原理实验

谭建军　孙玲姣　郎建勋　主编

科学出版社

北　京

内 容 简 介

本书是针对电子信息科学技术和电气工程专业开设的传感器类课程编写的一本实验教材,其主要实验项目包括:金属箔式应变片;压阻式传感器;移相器和相敏检波器;互感式传感器;磁电式传感器;光电式传感器等实验。本书通过对传感器的基本工作原理的简要概述,给出了实验内容及要求和步骤。实验不涉及太多的先进测量技术,而是着眼于理解最基本的测量原理,通过学习使学生建立扎实的学科基础。为培养学生的独立思考和工作能力,实验中还包含部分综合设计性实验,且每个实验的最后都有思考题让同学讨论。

本书可作为各高等院校理工科及高职、中职电子信息科学与技术专业、电气工程及其自动化专业、计算机科学与技术专业等开设的"传感器技术"课程的配套实验教材或参考用书。

图书在版编目(CIP)数据

传感器原理实验/谭建军,孙玲姣,郎建勋主编. —北京:科学出版社,2015.1
高等学校精品课程教材系列
ISBN 978-7-03-042626-0

Ⅰ.①传…　Ⅱ.①谭…　②孙…　③郎…　Ⅲ.①传感器-实验-高等学校-教材　Ⅳ.①TP212-33

中国版本图书馆 CIP 数据核字(2014)第 277454 号

责任编辑:张颖兵　闫　陶/责任校对:肖　婷
责任印制:高　嵘/封面设计:苏　波

斜 学 虫 版 社 出版

北京东黄城根北街 16 号
邮政编码:100717
http://www.sciencep.com

武汉首壹印务有限公司印刷
科学出版社发行　各地新华书店经销

*

开本:787×1092　1/16
2015 年 2 月第　一　版　印张:7 1/2
2015 年 2 月第一次印刷　字数:156 000

定价:22.00 元
(如有印装质量问题,我社负责调换)

前　　言

　　《传感器原理实验》是针对电子信息科学技术和电气工程专业开设的传感器类课程编写的一本实验教材。

　　为加强对学生实践能力的培养,使学生更好地理解实验原理,了解实验内容,并对实验过程和结果有所思考,本书对传感器的基本工作原理进行了简要概述,并给出了实验内容、实验要求和步骤。实验不涉及太多的先进测量技术,而是着眼于最基本的测量原理,通过学习使学生建立扎实的学科基础。为培养学生的独立思考和工作能力,实验中还包含部分综合设计性实验,且每个实验的最后都有思考题供学生讨论。

　　实验教材是针对杭州赛特传感器技术有限公司设计研制的 SET-998 型传感器系统综合实验仪编写的,仪器配用一台双踪示波器,可以进行多项实验内容;设计性实验中给定器件后学生可以根据实验要求自己动手设计,是一种实践性、综合性较强的实验方式。大部分实验内容与电子测量技术相结合,实验与实验之间既有学科联系,又互相独立,同时具有一定的系统性。

　　为满足传感器课程多内容、多专业、多层次的要求,实验教材在《SET 系列传感器系统实验仪实验指南》的基础上,把实验分为基础性实验、综合设计性实验和趣味性实验,这些实验对于培养学生解决实际问题的能力和设计能力可起到抛砖引玉的作用。本书如有不足之处,请大家给予指正和修改。

　　《传感器原理实验》共有 38 个实验,其主要实验项目包括:金属箔式应变片、压阻式传感器、移相器和相敏检波器、互感式传感器、磁电式传感器、光电式传感器等实验。

编者

2015 年 1 月

目　　录

第一章 传感器实验的操作规程及相关要求

传感器实验的过程是理论联系实际的过程。在实验中,首先要明确应用已学理论知识来指导实验,即从理论上掌握实验项目的工作原理、电路结构和电路的基本特性;用理论知识来指导实验操作,预测实验的现象和结果,并和实际现象及数据进行比较得出结论,找出实验现象和结果与理论的差别,分析这些差别产生的主要原因,找出减少或消除这些差别的方法,从而提高分析问题和解决问题的能力。

传感器实验的完整过程一般包括实验前预习、实验室实验、实验数据分析及实验报告处理这 3 个阶段,每个阶段的要求具体如下。

1. 实验前预习

每次实验前学生都要预习。预习包括认真阅读实验指导书,明确实验目的及重点难点,了解实验原理,设计实验步骤,思考实验思考题等,并在预习过程中写出预习报告。通过课前预习可避免实验时的盲目性,提高实验效率,更好地理解和掌握理论知识。

2. 实验室实验

进入实验室后,要自觉遵守实验室的各项规章制度,保证实验室有良好的实验秩序和卫生,要注意人身安全和设备的安全使用。

严禁带电接、拆线或改接电路。在实验操作时,应该先按实验方案接好电路,检查无误后再通电。要认真操作,仔细观察实验现象,准确记录实验现象和实验数据(包括波形)。在操作过程中,当发现有接线错误或改接电路时,应先断电,再进行改接。拆线时,也应先断电,再进行拆线。如果发现实验有异常现象,要分析原因,排除故障(应记录现象、原因和排除故障的方式)。如果发生安全事故,则应立即切断电源,并报告实验辅导教师或实验管理员进行处理。

做完实验后,将实验记录送实验辅导教师审阅,在实验辅导教师允许后再拆除线路,整理好实验台后方可离开实验室。

3. 实验数据分析及实验报告处理

处理实验报告是对实验进行总结和提高的过程,通过处理实验报告可以加深对实验现象和内容的理解,更好地将理论和实际结合起来,达到实验的目的。实验报告包含以下内容。

(1) 实验基本信息,如实验名称、实验项目、实验日期、使用仪器及编号。

(2) 实验数据的整理,画出测试波形,列出数据表格或测试曲线。

(3) 分析实验所得数据或波形,作出简要的结论,对实验误差进行简单分析。

(4) 分析实验中出现的故障或问题,总结排除故障或解决问题的方法,可提出改进实验的意见与建议。

(5) 回答思考题。

实验报告要求层次分明,书写整洁,简明扼要,所画表格、曲线要符合规范。

第二章　SET-998 型传感器系统综合实验仪简介

一、实验仪的组成

实验仪主要由四部分组成：传感器安装台、显示与激励源、传感器符号及引线单元、处理电路单元。

（1）传感器安装台：装有双平行振动梁（应变片、热电偶、PN 结、热敏电阻、加热器、压电传感器、梁自由端的磁钢）、激振线圈、双平行梁测微头、光纤传感器的光电变换座、光纤及探头、小机电、电涡流传感器及支座、电涡流传感器引线 Φ3.5 插孔、霍尔传感器的两个半圆磁钢、振动平台（圆盘）测微头及支架、振动圆盘（圆盘磁钢、激振线圈、霍尔片、电涡流检测片、差动变压器的可动芯子、电容传感器的动片组、磁电传感器的可动芯子）、半导体扩散硅压阻式差压传感器、气敏传感器及湿敏元件安装盒，热释电传感器、光电开关、硅光电池、光敏电阻元件安装盒，具体安装部位参看附录二。

（2）显示与激励源：电机控制单元、主电源、直流稳压电源（±2～±10 V，分 5 挡调节）、F/V 数字显示表（可作为电压表和频率表）、（5～500 mV）、音频振荡器、低频振荡器、±15 V 不可调稳压电源。

（3）传感器符号及引线单元：所有传感器（包括激振线圈）的引线都从内部引到这个单元上的相应符号中，实验时传感器的输出信号（包括激振线圈引入低频激振器信号）按符号从这个单元插孔引线。

（4）处理电路单元：由电桥单元、差动放大器、电容变换放大器、电压放大器、移相器、相敏检波器、电荷放大器、低通滤波器、涡流变换器等单元组成。

SET-998 实验仪上配置一台双线（双踪）通用示波器可做几十种实验，教师也可以利用传感器及处理电路开发实验项目。

二、主要技术参数、性能及说明

1. 传感器安装台部分

双平行振动梁的自由端及振动圆盘下面均装有磁钢，通过各自测微头或激振线圈，接入低频激振器 V。可进行静态或动态测量。

应变梁采用不锈钢片，双梁结构端部有较好的线性位移（或采用标准双孔悬臂梁传感器应变梁）。

（1）差动变压器（电感式）：量程大于等于 5 mm，直流电阻为 5～10 Ω，由一个初级、两个次级线圈绕制而成的透明空心线圈，铁芯为软磁铁氧体。

（2）电涡流位移传感器：量程大于等于 1 mm，直流电阻为 1～2 Ω，由多股漆包线绕制的扁平线圈与金属涡流片组成。

（3）霍尔式传感器：量程大于等于 ±2 mm，激励源端口直流电阻为 800～1 500 Ω，输出端口直流电阻为 300～500 Ω，采用日本 JVC 公司生产的线性半导体霍尔片，它置于环形磁钢构成的梯度磁场中。

（4）热电偶：直流电阻为 10 Ω 左右，由两个铜-康铜热电偶串接而成，分度号为 T，冷端温度为环境温度。

（5）电容式传感器：量程大于等于 ±2 mm，是由两组定片和一组动片组成的差动变面积式电容。

（6）热敏电阻：半导体热敏电阻 NTC，温度系数为负，25 ℃时为 10 kΩ。

（7）光纤传感器：由多模光纤、发射、接收电路组成的导光型传感器，线性范围 ≥2 mm。红外线发射、接收，直流电阻为 500～2 500 Ω，2×60 股 Y 形、半圆分布。

（8）半导体扩散硅压阻式压力传感器：最大量程为 10 kPa（差压），供电压小于等于 6 V，美国摩托罗拉公司生产的 MPX 型压阻式差压传感器。

（9）压电加速度计：由 PZT-5 压电晶片和铜质量块构成，谐振频率大于等于 10 kHz，电荷灵敏度 $q \geq 20$ pC/g。

（10）应变式传感器：箔式应变片电阻值为 350 Ω，应变系数为 2，平行梁上梁的上表面和下梁的下表面对应地贴有 4 片应变片，受力工作片分别用符号"↑"和"↓"表示。在 910、998B 型仪器中，横向所贴的两片为温度补偿片，用符号"←"、"→"表示。

（11）PN 结温度传感器：利用半导体 PN 结良好的线性温度电压特性制成的测温传感器能直接显示被测温度，灵敏度为 −2.1 mV/℃。

（12）磁电式传感器：$0.21\varphi \times 1\,000$，直流电阻 30～40 Ω，由线圈和动铁（永久磁钢）组成，灵敏度达到 0.5 V/(m·s^{-1})。

（13）气敏传感器：MQ3（酒精），测量范围为 50～200 ppm。

（14）湿敏电阻：高分子薄膜电阻型（RH），阻值为几千欧到几兆欧，响应时间为吸湿、脱湿小于 10 s，温度系数是 0.5RH%/℃，测量范围为 10%～95%，工作温度为 0～50 ℃。

（15）光电开关（反射型）。

（16）光敏电阻：CdS 材料，阻值为几欧到几兆欧。

（17）硅光电池：Si 日光型。

（18）热释电红外传感器：远红外式。

2. 信号及变换

（1）电桥：用于组成直流电桥，提供组桥插座、标准电阻和交直流调平衡网络。

（2）差动放大器：通频带 0～10 kHz，可接成同相、反相差动结构，增益为 1～100 倍的直流放大器。

（3）电容变换器：由高频振荡、放大和双 T 电桥组成的处理电路。

（4）电压放大器：增益约为 5 倍，同相输入，通频带 0～10 kHz。

（5）移相器：允许最大输入电压 10V$_{\text{p-p}}$，移相范围 ≥±20°（5 kHz 时）。

（6）相敏检波器：可检波电压频率 0～10 kHz，允许最大输入电压 10V$_{\text{p-p}}$，极性反转整形电路与电子开关构成检波电路。

（7）电荷放大器：电容反馈型放大器，用于放大压电传感器的输出信号。

（8）低通滤波器：由 50 Hz 陷波器和 RC 滤波器组成，转折频率为 35 Hz 左右。

（9）涡流变换器：输出电压≥8 V（探头离开被测物），变频调幅式变换电路，传感器线圈是振荡电路中的电感元件。

（10）光电变换座：由红外发射、接收管组成。

3. 两套显示仪表

（1）数字式电压/频率表：3 位半显示，电压范围为 0～2 V、0～20 V，频率范围分别为 3 ～ 2 000 Hz、10～20 000 Hz，灵敏度≤50 mV。

（2）指针式毫伏表：85C1 表，分 500 mV、50 mV、5 mV 三挡，精度达到 2.5%。

4. 两种振荡器

（1）音频振荡器：0.4～10 kHz 输出连续可调，V_{p-p} 值为 20 V，输出连续可调，180°、0°反相输出，LV 端最大功率输出电流为 0.5 A。

（2）低频振荡器：1～30 Hz 输出连续可调，V_{p-p} 值为 20 V，输出连续可调，最大输出电流达到 0.5 A，Vi 端可用做电流放大器。

5. 两套悬臂梁、测微头

双平行式悬臂梁两副（其中一副为应变梁，另一副装在内部，与振动圆盘相连），梁端装有永久磁钢、激振线圈和可拆卸式螺旋测微头，可进行位移与振动实验（右边圆盘式工作台由激振Ⅰ带动，左边平行式悬臂梁由激振Ⅱ带动）。

6. 电加热器两组

由电热丝组成，加热时可获得高于环境温度 30 ℃左右的升温。

7. 测速电机一组

由可调的低噪声高速轴流风扇组成，与光电开关、光纤传感器配合进行测速。

8. 两组稳压电源

直流±15 V，主要作为实验时的加热电源提供适宜的温度，最大激励 1.5 A。±2～±10 V 分五挡输出，最大输出电流为 1.5 A，提供直流激励源。

9. 计算机连接与处理

数据采集卡：12 位 A/D 转换，采样速度 10 000 点/s，采样速度可控制，采样形式多样。采用标准 RS-232 接口，与计算机串行工作。

提供良好的计算机显示界面与方便实用的处理软件，以便进行实验项目的选择与编辑、数据采集、数据处理、图形分析与比较、文件存取打印。

使用仪器时打开电源开关，检查交、直流信号源及显示仪表是否正常。仪器下部面板左下角处的开关为控制处理电路±15 V 的工作电源，进行实验时请勿关掉，为保证仪器正常工作，严禁±15 V 电源间的相互短路，建议平时将这两个输出插口封住。

指针式毫伏表工作前需对地短路调零，取掉短路线后指针有所偏转是正常现象，不影响测试。

请用户注意，本仪器是实验性仪器，各电路完成的主要实验目的是对各传感器测试电路作定性验证,而非工业应用型的传感器定量测试。

三、各电路和传感器性能建议通过以下实验检查是否正常

（1）应变片及差动放大器,进行单臂、半桥和全桥实验,各应变片是否正常可用万用表电阻挡在应变片两端测量。各接线图两个节点间即一实验接插线,接插线可多根叠插。

（2）热电偶,接入差动放大器,打开"加热"开关,观察随温度升高热电势的变化。

（3）热敏式,进行热敏传感器实验,电热器加热升温,观察随温度升高电阻两端的阻值变化情况,注意热敏电阻是负温度系数。

（4）PN结温度传感器,进行PN结温度传感器测温实验,注意电压表2 V挡显示值为绝对温度T。

（5）进行移相器实验,用双踪示波器观察两通道波形。

（6）进行相敏检波器实验,相敏检波器端口序数规律为从左至右,从上到下,其中5端为参考电压输入端。

（7）进行电容式传感器特性实验,当振动圆盘带动动片上下移动时,电容变换器V_o端电压应正负过零变化。

（8）进行光纤传感器-位移测量,光纤探头可安装在原电涡流线圈的横支架上固定,端面垂直于镀铬反射片,旋动测微仪带动反射片位置变化,从差动放大器输出端读出电压变化值。

（9）进行光纤（光电）式传感器测速实验,从F/V表F_o端读出频率信号。F/V表置2K挡。

（10）将低频振荡器输出信号送入低通滤波器输入端,输出端用示波器观察,注意根据低通输出幅值调节输入信号大小。

（11）进行差动变压器性能实验,检查电感式传感器性能,实验前要找出次级线圈同名端,次级所接示波器为悬浮工作状态。

（12）进行霍尔式传感器直流激励特性实验,直流激励信号不能大于2 V。

（13）进行磁电式传感器实验,磁电传感器两端接差动放大器输入端,用示波器观察输出波形。

（14）进行电压加速度传感器实验,此实验与上述第11项内容均无定量要求。

（15）进行电涡流传感器的静态标定实验,其中示波器观察波形端口应在涡流变换器的左上方,即接电涡流线圈处,右上端端口为输出经整流后的直流电压。

（16）进行扩散硅压力传感器实验,注意MPX压力传感器为差压输出,故输出信号有正、负两种。

（17）进行气敏传感器特性实验,观察输出电压变化。

（18）进行湿敏传感器特性演示实验。

（19）进行光敏电阻实验。

（20）进行硅光电池实验。

（21）进行光电开关（反射）实验。

（22）进行热释电传感器实验。以上第17项起实验均为演示性质,无定量要求。

（23）如果仪器是带微机接口和实验软件的，请参阅《微机数据采集系统软件使用说明》。数据采集卡已装入仪器中，其中 A/D 转换器是 12 位转换器。

仪器后部的 RS-232 接口与计算机串行口相接，信号采集前请正确设置串口，否则计算机将收不到信号。

仪器工作时需要良好地接地，以减弱干扰信号，关尽量远离电磁干扰源。仪器的型号不同，传感器种类不同，则检查项目也会有所不同。

上述检查及实验能够完成，则整台仪器各部分均为正常。

实验时请注意实验指导书中的实验内容后的注意事项，要在确认接线无误的情况下再开启电源，要尽量避免电源短路情况的发生，实验工作台上各传感器部分如位置不太正确可松动调节螺丝稍作调整，用手按下振动梁再松手，各部分能随梁上下振动而无碰擦为宜。

本实验仪器需防尘，以保证实验接触良好，仪器正常工作温度为 0～40 ℃。

第三章 基础性实验项目

实验一 金属箔式应变片——单臂电桥性能实验

一、实验目的

(1) 了解 SET 型传感器系统实验仪的结构。
(2) 了解金属箔式应变片和单臂单桥的工作原理和工作情况。
(3) 验证单臂的测量结果。

二、结构和原理

应变式传感器包括两个主要部分:一是弹性敏感元件,利用它把被测的物理量(如力矩、扭矩、压力、加速度等)转化为弹性体的应变值;另一个是应变片,作为传感元件将应变转换为电阻值的变化。

金属电阻应变片常见的形式有金属丝式、箔式、薄膜式。金属箔式应变片的线栅由很薄的金属箔片制成,箔片厚度在 0.003～0.01 mm,箔片材料为康铜、镍铬合金。箔式应变片的优点是表面积与截面积之比大,散热较好。

1. 应变效应

导体或半导体材料在受到外界力(拉力或压力)作用时,将产生机械变形,机械变形会导致其阻值变化,这种因形变而使其阻值发生变化的现象称为应变效应。

因为导体或半导体的电阻 $R = \rho \dfrac{L}{A}$ 与电阻率及其几何尺寸有关,当导体或半导体受外力作用时,这三者都会发生变化,所以会引起电阻的变化。通过测量阻值的大小,就可以反映外界作用力的大小。本实验采用金属导体,引起其阻值变化的主要因素是机械形变。

2. 金属应变片的基本结构

如图 3-1 所示,将金属电阻丝粘贴在基片上,上面覆盖一层薄膜,使之变成一个整体。图中 1 为引线,2 为覆盖层,3 为基片,4 为高电阻率合金电阻丝,L 为敏感栅长度,b 为敏感栅的宽度。

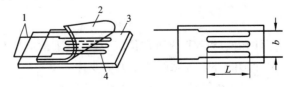

图 3-1 电阻丝应变片的结构示意图

金属电阻应变片主要有丝式应变片和箔式应变片两种结构形式。其中本实验用的箔式应变片如图 3-2 所示,是利用光刻、腐蚀等工艺制成的一种很薄的金属箔栅,其厚度一般为 0.003~0.010 mm。

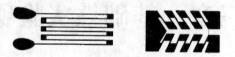

图 3-2　金属箔式电阻应变片的结构

实验中采用梁式力传感器,如图 3-3 所示,其结构为等截面梁。弹性元件为一端固定的悬臂梁,力作用在自由端,在距载荷点一定距离的上下表面分别贴上 R_1、R_2、R_3 和 R_4 电阻应变片,此时若 R_1、R_3 受拉,则 R_2、R_4 受压,两者发生极性相反的等量应变。

3. 测量电路

用于测量因应变而引起电阻变化的电桥电路通常有直流电桥和交流电桥两种。本实验分析直流电桥,对于直流电桥,设定 $R_1=R_2$,$R_3=R_4$,发生形变时对于各应变片有 $\Delta R_1 = \Delta R_2 = \Delta R_3 = \Delta R_4$。

若使第一桥臂 R_1 由应变片来替代,如图 3-4 所示,则电桥的输出电压为 $U_0 = \frac{1}{4} E \frac{\Delta R_1}{R_1}$,电桥电压灵敏度为 $K_V = \frac{1}{4} E$。

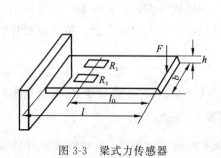

图 3-3　梁式力传感器

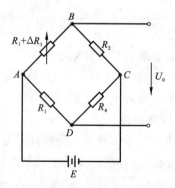

图 3-4　直流单臂电桥电路

三、实验内容

1. 实验所需单元及部件

直流稳压电源,电桥,差动放大器,双孔悬臂梁称重传感器,砝码,一片应变片,直流电压表(F/V 表),主、副电源。

2. 实验步骤

(1) 了解所需单元、部件在实验仪上的所在位置,观察梁上的应变片,应变片为棕色衬底箔式结构小方薄片,上下两片梁的外表各贴两片受力应变片。

(2) 将差动放大器调零,用连线将差动放大器的正(+)、负(-)、地短接。将差动放大器的输出端与 F/V 表的输入插口 Vi 相连;开启主、副电源;调节差动放大器的增益到最大位置,然后调整差动放大器的调零旋钮使 F/V 表显示为零,关闭主、副电源。

（3）根据图 3-5 接线,R_1、R_2、R_3 为电桥单元的固定电阻;$R_4 = R_x$ 为应变片。将稳压电源的切换开关置 ±4 V 挡,F/V 表置 20 V 挡。开启主、副电源,调节电桥平衡网络中的 W_1,使 F/V 表显示为零,等待数分钟后将 F/V 表置 2 V 挡,再调电桥 W_1(慢慢地调),使 F/V 表显示为零。

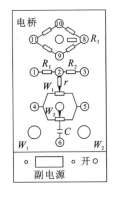 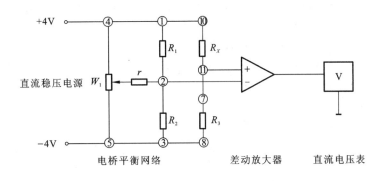

图 3-5　应变片直流电桥电路

（4）在传感器上放一个砝码,记下此时的电压数值,然后每增加一个砝码即 $\Delta m = 20$ g,记下一个数值,并将这些数值填入表 3-1 中。

表 3-1　砝码质量及电压数据表

砝码个数	0	1	2	3	4	5
$\Delta m/g$	0	20	40	60	80	100
V/mV						

（5）在步骤（4）的基础上每减少一个砝码,重复步骤（4）一次,并将测量数值填入表 3-2 中。

表 3-2　砝码质量及电压数据表

砝码个数	5	4	3	2	1	0
$\Delta m/g$	100	80	60	40	20	0
V/mV						

（6）在同一坐标上描绘出正反行程 Δm-V 曲线。

（7）观察正反行程的测量结果,解释输入/输出曲线不重合的原因。

3. 实验注意事项

（1）电桥上端虚线所示的 4 个电阻实际并不存在。

（2）在更换应变片时应关闭电源。

（3）为确保实验过程中输出指示不溢出,可先将砝码加至最大重量,如指示溢出,适当减小差动放大增益,此时差动放大器不必重调零。

（4）实验过程中如发现电压表过载,应将量程扩大。

（5）直流电源不可随意加大,以免损坏应变片。

（6）做此实验时应将低频振荡器的幅度调至最小,以减小其对直流电桥的影响。

（7）实验完成后，必须先关闭主、副电源，再拆去实验连线（注意：拆去实验连线时，手要从连线头部的插头拉起，以免拉断实验连接线）。

四、思考题

（1）本实验电路对直流稳压电源和对放大器有何要求？

（2）根据 Δm-V 曲线计算两种接法的灵敏度 $K = \Delta V / \Delta m$，说明灵敏度与哪些因素有关。

（3）根据所给的差动放大器电路原理图（见附表一），分析其工作原理，说明它为什么既能作为差动放大器，又可作为同相或反相放大器。

实验二 金属箔式应变片——半桥性能实验

一、实验目的

（1）了解金属箔式应变片和半桥的工作原理和工作情况。

（2）验证半臂的测量结果。

二、结构和原理

本实验的结构同实验一。

本实验采用金属导体，引起其阻值变化的主要因素是机械形变。用于测量因应变而引起电阻变化的电桥电路通常有直流电桥和交流电桥两种，本实验仍分析直流电桥。对于直流电桥，设定 $R_1=R_2$，$R_3=R_4$，发生形变时各应变片 $\Delta R_1=\Delta R_2=\Delta R_3=\Delta R_4$。

若相邻两桥臂 R_1、R_2 由应变片来替代，如图3-6所示半桥差动电路，则电桥的输出电压为 $U_0=\dfrac{1}{2}E\dfrac{\Delta R_1}{R_1}$，电桥电压灵敏度为 $K_V=\dfrac{1}{2}E$。

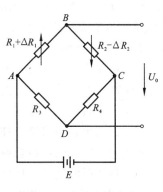

图 3-6 直流半桥电路

三、实验内容

1. 实验所需单元及部件

直流稳压电源，差动放大器，电桥，直流电压表（F/V表），双孔悬臂梁称重传感器，应变片，砝码，主、副电源。

2. 实验步骤

（1）了解所需单元、部件在实验仪上的所在位置，观察梁上的应变片，应变片为棕色衬底箔式结构小方薄片，上下两片梁的外表各贴两片受力应变片。

（2）将差动放大器调零，用连线将差动放大器的正（＋）、负（－）、地短接。将差动放大器的输出端与F/V表的输入插口Vi相连；开启主、副电源；调节差动放大器的增益到最大位置，然后调整差动放大器的调零旋钮使F/V表显示为零，关闭主、副电源。

（3）根据图3-5接线。R_1、R_2 为电桥单元的固定电阻；$R_4=R_x$ 为应变片，R_3 为与 R_4 工作状态相反的另一应变片即取两片受力方向不同的应变片形成半桥。将稳压电源的切换开关置±4V挡，F/V表置20V挡。开启主、副电源，调节电桥平衡网络中的 W_1，使F/V表显示为零，等待数分钟后将F/V表置2V挡，再调电桥 W_1（慢慢地调），使F/V表显示为零。

（4）在传感器上放一个砝码，记下此时的电压数值，然后每增加一个砝码即 $\Delta m=20$ g，记下一个数值，并将这些数值填入表3-3中。

表 3-3　砝码质量及电压数据表

砝码个数	0	1	2	3	4	5
$\Delta m/g$	0	20	40	60	80	100
V/mV						

（5）在步骤（4）的基础上每减少一个砝码，重复步骤（4）一次，并将测量数值填入表3-4中。

表 3-4　砝码质量及电压数据表

砝码个数	5	4	3	2	1	0
$\Delta m/g$	100	80	60	40	20	0
V/mV						

（6）在同一坐标上描绘出正反行程 Δm-V 曲线，计算半桥接法的灵敏度 $K=\Delta V/\Delta m$，并比较单臂和半桥两种接法的灵敏度。

3. 实验注意事项

（1）电桥上端虚线所示的 4 个电阻实际并不存在。

（2）在更换应变片时应关闭电源。

（3）实验过程中如发现电压表过载，应将量程扩大。

（4）直流电源不可随意加大，以免损坏应变片。

（5）做此实验时应将低频振荡器的幅度调至最小，以减小其对直流电桥的影响。

（6）接半桥时请注意区别两应变片的工作状态方向。

（7）在本实验中只能将放大器接成差动形式，否则系统不能正常工作。

（8）实验完成后，必须先关闭主、副电源，再拆去实验连线（注意：拆去实验连线时，手要从连线头部的插头拉起，以免拉断实验连接线）。

四、思考题

（1）观察正反行程的测量结果，解释输入/输出曲线不重合的原因。

（2）连接半桥时应变片的方向接反会是什么结果？为什么？

实验三　金属箔式应变片——全桥性能实验

一、实验目的

（1）了解金属箔式应变片和全桥单桥的工作原理和工作情况。

（2）验证全桥的测量结果。

二、结构和原理

本实验的结构同实验一。

本实验采用金属导体，引起其阻值变化的主要因素是机械形变。用于测量因应变而引起电阻变化的电桥电路通常有直流电桥和交流电桥两种，本实验仍分析直流电桥。对于直流电桥，设定 $R_1=R_2$，$R_3=R_4$，发生形变时各应变片 $\Delta R_1=\Delta R_2=\Delta R_3=\Delta R_4$。

若四个桥臂都由应变片来替代，如图 3-7 所示的全桥差动电路，电桥的输出电压为 $U_0=E\dfrac{\Delta R_1}{R_1}$，电桥电压灵敏度为 $K_v=E$。

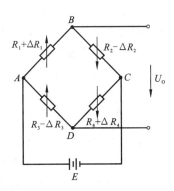

图 3-7　直流全桥电路

三、实验内容

1. 实验所需单元及部件

直流稳压电源，差动放大器，电桥，直流电压表（F/V 表），双孔悬臂梁称重传感器，应变片，砝码，主、副电源。

2. 实验步骤

（1）了解所需单元、部件在实验仪上的所在位置，观察梁上的应变片，应变片为棕色衬底箔式结构小方薄片，上下两片梁的外表各贴两片受力应变片。

（2）将差动放大器调零，用连线将差动放大器的正（＋）、负（－）、地短接。将差动放大器的输出端与 F/V 表的输入插口 Vi 相连；开启主、副电源；调节差动放大器的增益到最大位置，然后调整差动放大器的调零旋钮使 F/V 表显示为零，关闭主、副电源。

（3）根据图 3-5 接线。R_1、R_2、R_3 和 R_4 均为受力应变片，组桥时只要掌握对臂应变片的受力方向相同，邻臂应变片的受力方向相反即可，否则相互抵消没有输出。接成一个直流全桥。将稳压电源的切换开关置±4 V 挡，F/V 表置 20 V 挡。开启主、副电源，调节电桥平衡网络中的 W_1，使 F/V 表显示为零，等待数分钟后将 F/V 表置 2 V 挡，再调电桥 W_1（慢慢地调），使 F/V 表显示为零。

（4）在传感器上放一个砝码，记下此时的电压数值，然后每增加一个砝码即 $\Delta m=20$ g，记下一个数值，并将这些数值填入表 3-5 中。

表 3-5　砝码质量及电压数据表

砝码个数	0	1	2	3	4	5
$\Delta m/\text{g}$	0	20	40	60	80	100
V/mV						

（5）在步骤（4）的基础上每减少一个砝码，重复步骤（4）一次，并将测量数值填入表3-6中。

表 3-6　砝码质量及电压数据表

砝码个数	5	4	3	2	1	0
$\Delta m/\text{g}$	100	80	60	40	20	0
V/mV						

（6）在同一坐标上描绘出正反行程 $\Delta m\text{-}V$ 曲线，计算全桥接法的灵敏度 $K=\Delta V/\Delta m$，并比较单臂、半桥和全桥三种接法的灵敏度。

3. 实验注意事项

（1）电桥上端虚线所示的 4 个电阻实际并不存在。

（2）在更换应变片时应关闭电源。

（3）实验过程中如发现电压表过载，应将量程扩大。

（4）直流电源不可随意加大，以免损坏应变片。

（5）做此实验时应将低频振荡器的幅度调至最小，以减小其对直流电桥的影响。

（6）在本实验中只能将放大器接成差动形式，否则系统不能正常工作。

（7）实验完成后，先必须关闭主、副电源，再拆去实验连线（注意：拆去实验连线时，手要从连线头部的插头拉起，以免拉断实验连接线）。

四、思考题

（1）观察正反行程的测量结果，解释输入/输出曲线不重合的原因。

（2）测量中，当两组对边（R_1、R_2 为对边，R_3、R_4 为对边）电阻值 R 相同时，即 $R_1=R_2$，$R_3=R_4$，而 $R_2\neq R_3$ 时，是否可以组成全桥？

实验四　交流全桥性能测试实验

一、实验目的

(1) 了解交流供电的四臂应变电桥的原理和工作情况。

(2) 验证交流全桥的测量结果。

二、结构和原理

本实验的结构同实验一。

本实验采用金属导体，引起其阻值变化的主要因素是机械形变。用于测量因应变而引起电阻变化的电桥电路通常有直流电桥和交流电桥两种，本实验分析交流电桥。

图 3-8 是交流全桥的一般形式，当电桥平衡时，$Z_1 Z_3 = Z_2 Z_4$，电桥输出为零。若桥臂阻抗相对变化为 $\Delta Z_1/Z_1$、$\Delta Z_2/Z_2$、$\Delta Z_3/Z_3$、$\Delta Z_4/Z_4$，则电桥的输出与桥臂阻抗的相对变化成正比。

交流电桥工作时增大相角差可以提高灵敏度，传感器最好是纯电阻性或纯电抗性的。交流电桥只有在满足输出电压的实部和虚部均为零的条件下才会平衡。

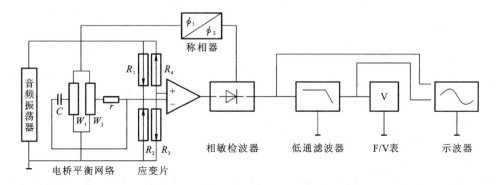

图 3-8　交流全桥接线图

三、实验内容

1. 实验所需单元及部件

音频振荡器，电桥，差动放大器，移相器，相敏检波器，低通滤波器，F/V 表，双孔悬臂梁称重传感器，应变片，砝码，主、副电源，示波器。

2. 实验步骤

(1) 差动放大器调整零点，将差动放大器（＋）（一）输入端与地短接，输出端与 F/V 表输入端 Vi 相连，开启主、副电源后调差放的调零旋钮使 F/V 表显示为零，再将 F/V 表切换开关置 2 V 挡，再细调差放调零旋钮使 F/V 表显示为零，然后关闭主、副电源。

(2) 按图 3-8 接线，图中 R_1、R_2、R_3、R_4 为应变；W_1、W_2、C、r 为交流电桥调节平衡网络，电

桥交流激励必须从音频振荡器的 L_V 输出口引入。

(3) 将 F/V 表的切换开关置 20 V 挡,示波器 X 轴扫描时间切换到 $0.1\sim0.5$ ms(以合适为宜),Y 轴 CH1 或 CH2 切换置 5 V/div,音频振荡器的频率旋钮置 5 kHz,幅度旋钮置中间位置。开启主、副电源,调节电桥网络中的 W_1 和 W_2,使 F/V 表和示波器显示最小,再把 F/V 表和示波器 Y 轴的切换开关分别置 2 V 挡和 50 mV/div,细调 W_1 和 W_2 及差动放大器调零旋钮,使 F/V 表的显示值最小,示波器的波形大致为一条水平线(F/V 表显示值与示波器图形不完全相符时两者兼顾即可)。再用手极轻按住双孔悬梁称重传感器托盘的中间,调节移相器和移相旋钮,使示波器显示全波检波的图形。放手后,悬臂梁恢复至水平位置,再调节电桥中 W_1 和 W_2 电位器,使系统输出电压为零,此时桥路的灵敏度最高。

(4) 在传感器托盘上放一只砝码,记下此时的电压值,然后每增加一个砝码即 $\Delta m=20$ g,记下一个数值,并将这些数值填入表 3-7 中。

表 3-7 砝码质量及电压数据表

砝码个数	0	1	2	3	4	5
$\Delta m/\text{g}$	0	20	40	60	80	100
V/mV						

(5) 在步骤(4)的基础上每减少一个砝码,重复步骤(4)一次,并将测量数值填入表 3-8 中。

表 3-8 砝码质量及电压数据表

砝码个数	5	4	3	2	1	0
$\Delta m/\text{g}$	100	80	60	40	20	0
V/mV						

(6) 根据实验所得的数据在坐标上作出 Δm-V 曲线,计算灵敏度。

3. 实验注意事项

(1) 电桥上端虚线所示的 4 个电阻实际并不存在。

(2) 在更换应变片时应关闭电源。

(3) 为确保实验过程中输出指示不溢出,可先将砝码加至最大重量,如指示溢出,适当减小差动放大增益,此时差动放大器不必重调零。

(4) 实验过程中如发现电压表过载,应将量程扩大。

(5) 直流电源不可随意加大,以免损坏应变片。

(6) 实验完成后,先必须关闭主、副电源,再拆去实验连线(注意:拆去实验连线时,手要从连线头部的插头拉起,以免拉断实验连接线)。

四、思考题

比较交流全桥和直流全桥测量电路。

实验五　扩散硅压阻式压力传感器实验

一、实验目的

(1) 了解扩散硅压阻式压力传感器的工作原理和工作情况。

(2) 了解扩散硅压阻式压力传感器的标定方法。

二、结构和原理

1. 压阻效应

对半导体材料施加应力时,除了产生形变外,材料的电阻率也会发生变化,这种因应力的作用而使材料的电阻率发生改变的现象称为压阻效应。

2. 固态压阻器件的结构

扩散硅压阻式传感器的基片是半导体单晶硅。单晶硅是各向异性的材料,取向不同,则压阻效应也不同。硅压阻传感器的芯片,就是选择压阻效应最大的晶向来布置电阻条的。同时利用硅晶体各向异性、腐蚀速率不同的特性,采用腐蚀工艺来制造硅杯形的压阻芯片。

利用固体扩散技术,将 P 型杂质扩散到一片 N 型硅底层上,形成一层极薄的导电 P 型层,装上引线接点后,即形成扩散型半导体应变片。若在圆形硅膜片上扩散出四个 P 型电阻,构成惠斯通电桥的四个臂,这样的敏感器件通常称为固态压阻器件。

3. 固态压阻器件的工作原理

多向应力作用在单晶硅上,由于压阻效应,硅晶体的电阻率变化引起电阻的变化,其相对变化 dR/R 与应力的关系如下。在正交坐标系中,坐标轴与晶轴一致时,有

$$\frac{dR}{R} = \pi_l \sigma_l + \pi_t \sigma_t + \pi_s \sigma_s$$

式中,σ_l 为纵向应力;σ_t 为横向应力;σ_s 为与 σ_l、σ_t 垂直方向上的应力;π_l、π_t、π_s 为分别为与 σ_l、σ_t、σ_s 相对应的压阻系数,π_l 表示应力作用方向与通过压阻元件电流方向一致时的压阻系数,π_t 表示应力作用方向与通过压阻元件电流方向垂直时的压阻系数,一般扩散深度为数微米,垂直应力较小可以忽略。

图 3-9 为硅杯上法线 [110] 晶向的膜片及各扩散电阻分布。在硅膜片上,根据 P 型电阻的扩散方向不同可分为径向电阻和切向电阻。扩散电阻的长边平行于膜片半径时为径向电阻 R_r,垂直于膜片半径时为切向电阻 R_t。当圆形硅膜片半径比 P 型电阻的几何尺寸大得多时,且圆形硅膜片周边固定,在均匀压力的作用下,当膜片位移远小于膜片厚度时,可得圆形平膜片上各点的应力分布。当 $x = 0.635r$ 时,$\sigma_r = 0$;$x < 0.635r$ 时,$\sigma_r > 0$,即为拉应力;$x > 0.635r$ 时,$\sigma_r < 0$,即为压应力。当 $x = 0.812r$ 时,$\sigma_t = 0$,仅有 σ_r 存在,且 $\sigma_r < 0$,即为压应力。

4. 扩散硅压阻式压力传感器组成及工作原理

扩散硅压阻式压力传感器由外壳、硅膜片和引线组成,其核心部分是一块圆形的膜片,结

构如图 3-9 所示,在膜片上利用集成电路的工艺扩散 4 个阻值相等的电阻,构成惠斯通电桥,膜片的四周用一圆环固定,常用硅杯一体结构。

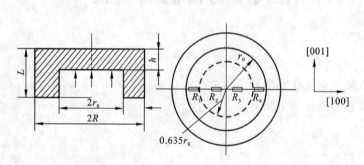

图 3-9　硅杯上法线[110]晶向的膜片

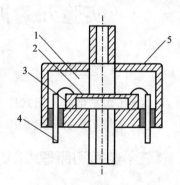

图 3-10　压力传感器结构简图
1—低压腔;2—高压腔;3—硅杯;
4—引线;5—硅膜片

压阻式压力传感器结构如图 3-10 所示,硅杯膜片的两侧各有一个压力腔,一个是和被测系统相连接的高压腔,另一个是低压腔,通常和大气相通,当膜片两边存在压力差时,膜片上各点存在应用力。4 个电阻在应力作用下阻值发生变化,电桥失去平衡,输出相应的电压,该电压和膜片两边的压力差成正比,这样测出不平衡电桥的输出电压就能求得膜片所受的压力差。

三、实验内容

1. 实验所需单元及部件

主、副电源,直流稳压电源,差动放大器,F/V 表,压阻式传感器(差压),压力表及加压配件。

2. 实验步骤

(1)了解所需单元、部件、传感器的符号及其在仪器上的位置。

(2)直流稳压电源置±4 V 挡,F/V 表切换开关置于 2 V 挡,调节差放增益最大或适中。

(3)根据图 3-11 将传感器及电路连好,注意接线正确,否则易损坏元器件,差动放大器接成同向或反向均可。

(4)据图 3-12 接好传感器供压回路,传感器有两个气嘴——高压嘴和低压嘴。当高压嘴接入正压力时(相对于低压嘴)输出为正,反之为负。

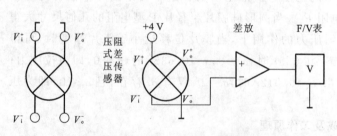

图 3-11　压阻式压差传感器接线图

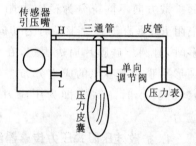

图 3-12　压阻式传感器供压回路示意图

（5）将加压皮囊上单向调节阀的锁紧螺丝拧松，将压力表直立于方便观察的地方。

（6）开启主、副电源，调节差动放大器零位旋钮，使电压表指示尽可能为零，记下此时电压表读数。

（7）拧紧气压皮囊上单向调节阀的锁紧螺丝，轻按加压皮囊，注意不要用力太大，当压力表达到 4 kPa 左右时，记下电压表读数，然后每隔这一刻度差记下读数，并将数据填入表3-9 中。

表 3-9　测量电压数据表

测量次数	1	2	3	4	5	6	7	8	9	10	11
P/kPa	0	4	8	12	16	20	24	28	32	36	40
V/mV											

（8）调换高、低压嘴和三通管接通，调节差动放大器的增益最大或适中，重复步骤（7），并将测量数值填入表 3-10。

表 3-10　测量电压数据表

测量次数	1	2	3	4	5	6	7	8	9	10	11
P/kPa	0	4	8	12	16	20	24	28	32	36	40
V/mV											

（9）根据所得的结果计算灵敏度 $K = \Delta V / \Delta P$，并作 $V\text{-}P$ 关系曲线，找出线性区域。

（10）标定方法。拧松气压皮囊上的锁紧螺丝，调差放调零旋钮使电压表的读数为零，拧紧锁紧螺丝，手压气压皮囊使压力达到所需的最大值 40 kPa，调差动放大器的增益使电压表的指示与压力值的读数一致，这样重复操作零位、增益调试几次到满意为止。

3. 实验注意事项

（1）如在实验中标准压力表的读数不稳定，应检查加压气体回路是否有漏气现象，例如，气囊的单向调节阀的锁紧螺丝是否拧紧等。

（2）如读数误差较大，应检查气管是否有折压现象，造成传感器的供气压力不均匀。

（3）如觉得差动放大器增益不理想，可调整其增益旋钮，并应重新调整零位，调好以后在整个实验过程中不得再改变其位置。

（4）实验完成后，必须先关闭主、副电源，再拆去实验连线（注意：拆去实验连线时，手要从连线头部的插头拉起，以免拉断实验连接线）。

四、思考题

（1）差压传感器是否可用做真空度以及负压测试？

（2）比较压阻式传感器与金属电阻应变片式传感器在应用上有什么不同。

实验六　差动变面积式电容传感器的静态及动态特性实验

一、实验目的

(1) 了解差动变面积式电容传感器的工作原理。
(2) 掌握差动变面积式电容传感器的静态及动态特性。

二、结构和原理

1. 电容的基本结构

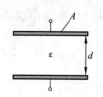

图 3-13　平板电容器结构图

如图 3-13 所示为平板电容器的结构图,以平板电容器为例,它由绝缘介质分开的两个平行金属板组成。电容式传感器由各种类型的电容器作为传感元件,通过电容传感元件,将被测物理量的变化转换成电容的变化。

电容器的电容由三个参数决定,以平板电容器为例,这三个参数分别是平板电容器的极板面积、两平板之间的距离和平板之间的介质特性。

$$C = \varepsilon \frac{A}{d} = \varepsilon_0 \varepsilon_r \frac{A}{d}$$

式中,ε 为极板间介质的介电系数;ε_0 为真空的介电常数,$\varepsilon_0 = 8.854 \times 10^{-12}$ F/m;ε_r 为极板间介质的相对介电常数,对于空气介质,$\varepsilon_r \approx 1$;A 为极板间相互覆盖的面积(m^2);d 为极板间距离(m)。

改变电容器的三个参数之一,就可以改变电容器的电容:① 改变 d 的称为变间隙式,$\Delta d = 0.01\ \mu\mathrm{m} \sim 0.1\ \mathrm{mm}$;② 改变 A 的称为变面积式;③ 改变 ε 的称为变介电常数式,常用做湿度和密度测量。

2. 差动变面积式电容传感器工作原理

电容式传感器有多种形式,本实验介绍差动变面积式电容式传感器。如图 3-14 所示,传感器由两组定片和一组动片组成。当安装于振动台上的动片上、下改变位置,与两组静片之间的重叠面积发生变化时,极间电容也发生相应变化,组成差动电容。如将上层定片与动片形成的电容定为 C_{x1},下层定片与动片形成的电容定为 C_{x2},当将 C_{x1} 和 C_{x2} 接入桥路作为相邻两臂时,桥路的输出电压与电容量的变化有关,即与振动台的位移有关。

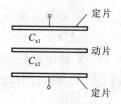

图 3-14　差动变面积式平板电容器结构图

三、实验内容

1. 实验所需单元及部件

电容传感器、电压放大器、低通滤波器、F/V 表、激振器、示波器。

2. 实验步骤

（1）依据图 3-15 接线。

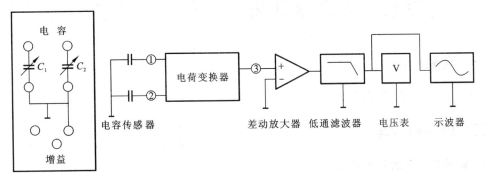

图 3-15　差动变面积式电容传感器接线图

（2）差动放大器增益旋钮置于中间，F/V 表打到 20 V，调节测微头使输出为零。

（3）转动测微头，每次 0.1 mm，记下此时测微头的读数及电压表的读数于表 3-11 中，直至电容动片与上（或下）静片覆盖面积最大。

表 3-11　测量位移及电压值

测微头转动幅度	0	0.1	0.2	0.3	0.4	0.5	0.6	0.7	0.8	0.9	…
X/mm											
V/mV											

（4）退回测微头至初始位置，并开始以相反方向旋动，方法同上，记下 $X(\text{mm})$ 及 $V(\text{mV})$ 值，并将测量数值填入表 3-12 中。

表 3-12　测量位移及电压值

测微头转动幅度	0	0.1	0.2	0.3	0.4	0.5	0.6	0.7	0.8	0.9	…
X/mm											
V/mV											

（5）计算系统灵敏度 S。$S=\Delta V/\Delta X$（ΔV 为电压变化，ΔX 为相应的梁端位移变化），并作出 V-X 关系曲线。

（6）卸下测微头，断开电压表，接通激振器，用示波器观察输出波形。

3. 实验注意事项

（1）为确保实验过程中输出指示不溢出，可先使电容动片与上（或下）静片覆盖面积最大，如指示溢出，适当减小差动放大增益。

（2）实验完成后，必须先关闭主、副电源，再拆去实验连线（注意：拆去实验连线时，手要从连线头部的插头拉起，以免拉断实验连接线）。

四、思考题

（1）什么是传感器的边缘效应？它会对传感器的性能带来哪些不利影响？

（2）电容式传感器和电感式传感器相比有哪些优缺点？

实验七　差动变压器(互感式)的性能实验

一、实验目的

了解差动变压器原理及工作情况。

二、结构和原理

1. 差动变压器的基本结构

差动变压器由衔铁、匝数为 W_1 的初级线圈、匝数为 W_{2a} 的次级线圈、匝数为 W_{2b} 的次级线圈和线圈骨架等组成,如图 3-16(a)所示。

2. 差动变压器的工作原理

初级线圈作为差动变压器激励用,相当于变压器的原边,次级线圈由两个结构尺寸和参数相同的线圈反相串接而成,相当于变压器的副边,差动变压器是开磁路,工作是建立在互感基础上的。

次级开路时,初级线圈激励电流为

$$\dot{I}_1 = \frac{\dot{U}_1}{R_1 + j\omega L_1}$$

根据电磁感应定律,次级绕组中感应电势的表达式为

$$\dot{E}_{2a} = -j\omega M_1 \dot{I}_1, \quad \dot{E}_{2b} = -j\omega M_2 \dot{I}_1$$

次级两绕组反相串联,且考虑到次级开路,则

$$\dot{U}_2 = \dot{E}_{2a} - \dot{E}_{2b} = -\frac{j\omega(M_1 - M_2)\dot{U}_1}{R_1 + j\omega L_1}$$

输出电压有效值

$$U_2 = \frac{\omega(M_1 - M_2)U_1}{\sqrt{R_1^2 + (\omega L_1)^2}}$$

(1)当活动衔铁处于中间位置时

$$M = M_1 = M_2$$

则有 $U_2 = 0$。

(2)当活动衔铁向 W_{2a} 方向移动时

$$M_1 = M + \Delta M, \quad M_2 = M - \Delta M$$

故

$$U_2 = \frac{2\omega \Delta M U_1}{\sqrt{R_1^2 + (\omega L_1)^2}}$$

(3)当活动衔铁向 W_{2b} 方向移动时

$$M_1 = M - \Delta M, \quad M_2 = M + \Delta M$$

故

$$U_2 = -\frac{2\omega\Delta M U_1}{\sqrt{R_1^2 + (\omega L_1)^2}}$$

差动变压器的输出特性曲线如图 3-16(b)所示。

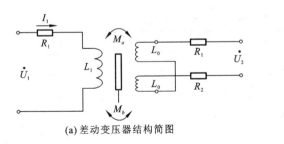 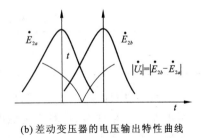

(a)差动变压器结构简图　　　　　　(b)差动变压器的电压输出特性曲线

图 3-16　差动变压器结构简图和电压输出特性曲线

三、实验内容

1. 实验所需单元及部件

音频振荡器,测微头,差动变压器,差动放大器,双踪示波器,振动平台,主、副电源。

2. 实验步骤

(1) 根据图 3-17 接线,将差动变压器、音频振荡器(必须 L_v 输出)、双踪示波器连接起来,组成一个测量线路。双踪示波器第一通道灵敏度为 500 mV/div,第二通道灵敏度为 10 mV/div,触发选择打到第一通道。开启主、副电源,将示波器探头分别接至差动变压器的输入和输出端,调节音频振荡器的频率,输出频率为 4～8 kHz。调节差动变压器原边线圈音频振荡器激励信号峰峰值为 2 V。

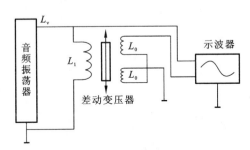

图 3-17　差动变压器接线图

(2) 用手提压变压器磁芯,观察示波器第二通道波形是否能过零翻转,如不能则改变两个次级线圈的串接端。判别初次级线圈及次级线圈同名端方法如下:设任一线圈为初级线圈,并设另外两个线圈的任一端为同名端,按图 3-17 接线。当铁芯左右移动时,观察示波器中显示的初级线圈波形和次级线圈波形,次级波形输出幅值变化很大,基本上能过零点,而且相位与初级圈波形(L_v 音频信号 $V_{p-p}=2$ V 波形)比较能同相和反相变化,说明已连接的初、次级线圈及同名端是正确的,否则继续改变连接再判别,直到正确为止。

(3) 转动测微头使测微头与振动平台吸合,再向上转动测微头 5 mm,使振动平台往上位移。

(4) 向下旋钮测微头,使振动平台产生位移,每位移 0.2 mm,用示波器读出差动变压器输出端峰峰值填入表 3-13 中,根据所得数据计算灵敏度 S。$S=\Delta V/\Delta X$(ΔV 为电压变化,ΔX 为相应振动平台的位移变化),作出 V-X 关系曲线。读数过程中应注意初、次级波形的相应关系。

表 3-13　位移 X 值与输出电压 $V_{o(p\text{-}p)}$ 数据表

X/mm	5	4.8	4.6	…	0.2	0	−0.2	…	−4.8	−5
$V_{o(p\text{-}p)}$										

(5) 实验过程中注意差动变压输出的最小值即为差动变压器的零点残余电压大小,根据表 3-13 画出 $V_{o(p\text{-}p)}$-X 曲线,计算出灵敏度和非线性误差。

3. 实验注意事项

(1) 在步骤(1)～步骤(5)中,示波器第二通道为悬浮工作状态。

(2) 音频信号必须从 L_V 端插口引出。

(3) 实验完成后,必须先关闭主、副电源,再拆去实验连线(注意:拆去实验连线时,手应从连线头部的插头拉起,以免拉断实验连接线)。

四、思考题

(1) 根据实验结果指出线性范围。

(2) 用测微头调节振动平台位置,使示波器上观察到的差动变压器的输出阻抗端信号最小,这个最小电压是什么? 是什么原因造成的?

实验八 差动螺管式(自感式)传感器的静态位移性能实验

一、实验目的

(1) 了解差动螺管式传感器的原理。

(2) 观察差动螺线管式(自感式)传感器的位移性能。

二、结构和原理

1. 自感现象

线圈通入电流时会形成磁场。当线圈通入的电流 I 变化时,该电流所产生的磁通 Φ 也随着变化,因而线圈本身会产生感应电动势 e_L,这种现象称为自感现象,所产生的感应电动势称为自感电动势。设线圈的匝数为 W,由电感定义有

$$L = \frac{\Psi}{I} = \frac{W\Phi}{I} = \frac{W^2}{R_m}$$

式中,Ψ 为线圈总磁链(Wb);I 为通过线圈的电流(A);W 为线圈的匝数;R_m 为磁路总磁阻 (H^{-1}),$R_m = \sum l_i/(\mu_i S_i) + 2\delta/(\mu_0 S)$。

将 R_m 代入上式中有

$$L = W^2 / [\sum (l_i/\mu_i S_i) + 2\delta/\mu_0 S]$$

式中,l_i 为各段导磁体的长度;μ_i 为各段导磁体的磁导率;S_i 为各段导磁体的截面积;δ 为空气隙的厚度;μ_0 为真空磁导率;S 为空气隙截面积。

自感式传感器一般有三种类型:①改变气隙厚度 δ 的自感式传感器,称为变气隙型自感式传感器;②改变气隙截面积 S 的自感式传感器,称为变截面型自感式传感器;③螺管型自感式传感器。

2. 差动螺管式(自感式)传感器的基本结构

螺管型自感式传感器的灵敏度比变截面型的灵敏度更低,但它具有自由行程大、测量范围大、线性度好、结构简单、制造装配方便、互换性强等优点,而灵敏度低的缺点可通过放大电路方面解决,所以螺管型自感式传感器得到越来越广泛的应用。因此,本实验的自感式传感器为螺管型自感式传感器,螺管型自感式传感器是一种开磁路的自感式传感器,它的结构形式也可分为单线圈结构和差动结构,为提高灵敏度和线性度,螺线管型自感式传感器常采用差动结构。图 3-18 为差动结构螺管型自感式传感器结构示意图,它由两个完全相同的螺线管线圈相接。衔铁初

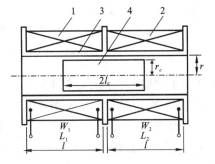

图 3-18 差动结构螺管型自感式传感器结构示意图

1—螺线管线圈 I;2—螺线管线圈 II;

3—骨架;4—活动铁芯

始状态处于对称位置上,使两边螺线管线圈的初始电感值相等,即 $L_{10}=L_{20}=L_0$。当衔铁向线圈 1 移动 Δl_c 时,将使线圈 1 的电感量增加 ΔL_1,线圈 2 的电感量减小 ΔL_2,且 $\Delta L_1=\Delta L_2$。

3. 测量电路

将这两个差动线圈接入相应的测量电桥,测量电桥的输出与两个差动线圈电感量的总变化量 $\Delta L=\Delta L_1+\Delta L_2$ 成正比。两个差动线圈电感量的总变化量为

$$\Delta L=\Delta L_1+\Delta L_2=\frac{2\pi\mu_r\mu_0 W^2 r_c^2}{l^2}\Delta l_c$$

电感量的总相对变化量为

$$\frac{\Delta L}{L}=\frac{\Delta L_1+\Delta L_2}{L}=2\frac{\Delta l_c}{l_c}\cdot\frac{1}{1+(l/l_c)(r/r_c)^2/\mu_r}$$

可得差动螺线管型自感式传感器的灵敏度为

$$K=\frac{\Delta L}{\Delta l_c}=\frac{2\pi\mu_r\mu_0 W^2 r_c^2}{l^2}$$

差动螺线管型自感式传感器的灵敏度要比单线圈螺线管型自感式传感器提高一倍。

三、实验内容

1. 实验所需单元及部件

音频振荡器,电桥,差动放大器,移相器,相敏检波器,低频滤波器,电压表,测微头,示波器,差动变压器两组次级线圈与铁芯,主、副电源。

2. 实验步骤

(1) 按图 3-19 接线,组成一个电感电桥测量系统。

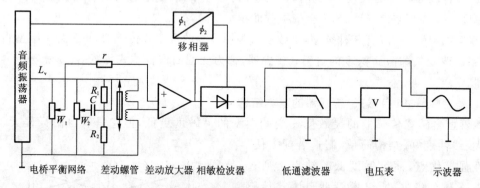

图 3-19 差动螺管式(自感式)传感器电路

(2) 装上测微头,调整铁芯到中间位置。开启主、副电源,音频振荡器频率置 $5\sim8\,\text{kHz}$,幅度旋到适中位置,以差放输出波形不失真为好,音频幅度为 $2V_{\text{p-p}}$。

(3) 调整电桥平衡网络的电位器 W_1 和 W_2,使差动放大器的输出端输出的信号最小,这时差动放大器的增益旋钮旋至最大(如果电桥平衡网络调整不过零,则需要调整电感中铁芯上下的位置)。

(4) 以衔铁位置居中为起点,转动测微头,分别向左向右各位移 5 mm,记录 V、X 值并填入表 3-14(每位移 0.5 mm 记录一个数值)中。

表 3-14　位移及电压数据表

X/mm	...	-1.0	-0.5	0.0	0.5	1.0	...
V/V							

（5）作出 $V\text{-}X$ 曲线，计算出灵敏度。

3. 实验注意事项

（1）此实验只用原差动变压器的两次线圈，注意接法。

（2）音频振荡器必须从 L_V 插口输出。

（3）实验中，电桥平衡网络的电位器 W_1 和 W_2 的调整是配调的。

（4）实验中，为了便于观察，需要调整示波器的灵敏度。

（5）振动台振动时的幅度可尽量大，但以与周围各部件不发生碰擦为宜，以免产生非正弦振动。

（6）实验完成后，必须先关闭主、副电源，再拆去实验连线（注意：拆去实验连线时，手要从连线头部的插头拉起，以免拉断实验连接线）。

四、思考题

（1）螺管型自感式传感器和变截面型比较有哪些优点？

（2）与单线圈结构比较，差动结构有什么优点？

实验九　电涡流传感器位移实验

一、实验目的

(1) 了解涡流式传感器的原理及工作性能。

(2) 熟悉实验仪器,掌握传感器使用过程中的注意事项。

二、结构和原理

电涡流传感器是一种能将机械位移、振幅和转速等参量转换成电信号输出的非电量电测装置,它由探头、变换器、连接电缆及被测导体组成,是实现非接触测量的理想工具,其最大的特点就是结构简单,可以实现非接触测量,具有灵敏度高、抗干扰能力强、频率响应宽、体积小等特点,因此在工业测量领域得到了越来越广泛的应用。

1. 涡流效应

金属导体置于变化的磁场中,导体内就会产生感应电流,这种电流就像水中的漩涡那样,在导体内部形成闭合回路,通常称为电涡流,称这种现象为涡流效应。电涡流传感器就是在涡流效应的基础上建立起来的。

2. 电涡流传感器的基本结构

电涡流传感器的基本原理如图 3-20 所示。一个通有交变电流 $\dot{I}_1$ 的传感线圈,由于电流的周期性变化,在线圈周围产生了一个交变磁场 $\dot{H}_1$。如被测导体置于该磁场范围之内,则被测导体产生涡流 $\dot{I}_2$,电涡流也将产生一个新的磁场 $\dot{H}_2$,$\dot{H}_2$ 和 $\dot{H}_1$ 方向相反,由于磁场 $\dot{H}_2$ 的反作用使通电线圈的等效阻抗发生变化。

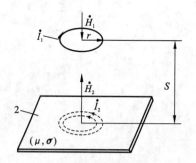

图 3-20　电涡流式传感器基本原理示意图

1—传感线圈;2—金属导体

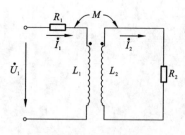

图 3-21　等效电路

当金属导体靠近线圈时,金属导体产生涡流的大小与金属导体的电阻率 ρ、磁导率 μ、厚度 t、线圈与金属导体间的距离 s 以及线圈激励电流的大小和角频率 ω 等参数有关。如固定其中某些参数,就能按涡流的大小测量出另外一些参数。为了简化问题,把金属导体理解为一个短路线圈,并用 R_2 表示这个短路线圈的电阻;用 L_2 表示它的电感;用 M 表示它与空心线圈之间的互感;再假设电涡流空心线圈的电阻与电感分别为 R_1 和 L_1,就可画出如图 3-21 所示的等效电路。

经推导电涡流线圈受被测金属导体影响后的等效阻抗为

$$Z=\frac{\dot{U}_1}{\dot{I}_1}=\left(R_1+R_2\frac{\omega^2M^2}{R_2^2+\omega^2L_2^2}\right)+j\left(\omega L_1-\frac{\omega^2M^2}{R_2^2+\omega^2L_2^2}\omega L_2\right)=R+j\omega L$$

式中,R 为电涡流线圈工作时的等效电阻;L 为电涡流线圈工作时的等效电感。

由上式可知,等效电阻、等效电感都是此系统互感系数平方的函数。因此,只有当测距范围较小时才能保证一定的线性度。凡是能引起涡流变化的非电量,如金属的电导率、磁导率、几何形状、线圈与导体间的距离等,均可通过测量线圈的等效电阻、等效电感、等效阻抗来获得,这就是电涡流式传感器的工作原理。

3. 测量电路

电涡流式传感器由平面线圈和金属涡流片组成,当线圈中通以高频交变电流后,与其平行的金属片上产生电涡流,电涡流的大小影响线圈的阻抗 Z,而涡流的大小与金属涡流片的电阻率、导磁率、厚度、温度以及线圈的距离 X 有关。本实验研究的是当平面线圈、被测体(涡流片)、激励源已确定,并保持环境温度不变,阻抗 Z 只与距离 X 有关的情况。将阻抗变化经涡流变换成电压 V 输出,使输出电压是距离 X 的单值函数。测量电路如图 3-22 所示。

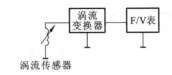

图 3-22　电涡流传感器位移测量电路

三、实验内容

1. 实验所需单元及部件

涡流变换器,F/V 表,测微头,铁测片,涡流传感器,示波器,振动平台,主、副电源。

2. 实验步骤

(1)装好传感器(传感器对准铁测片安装)和测微头。

(2)观察传感器的结构,它是一个扁平线圈。

(3)用导线将传感器接入涡流变换器输入端,将输出端接至 F/V 表,电压表置于 20 V 挡,见图 3-22,开启主、副电源。

(4)用示波器观察涡流变换器输入端的波形,如发现没有振荡波形出现,再将传感器远离被测体。

可见,波形为＿＿＿＿＿＿＿＿波形,示波器的时基为＿＿＿＿＿＿＿＿μs/cm,故振荡频率约为＿＿＿＿＿＿＿＿。

(5)调节传感器的高度,使其与被测铁片接触,从此开始读数,记下示波器及电压表的数值,填入表 3-15 中。

建议每隔 0.10 mm 读数,到线性严重变坏为止。根据实验数据在坐标纸上画出 V-X 曲线,指出大致的线性范围,求出系统灵敏度(最好能用误差理论的方法,如端点法或其他拟合直线求出线性范围内的线性度、灵敏度)。可见,涡流传感器最大的特点是＿＿＿＿＿＿＿＿,传感器与被测体间有一个最佳初始工作点。这里采用的变换电路是一种＿＿＿＿＿＿＿＿。

实验完毕关闭主、副电源。

表 3-15　位移及电压数据表

X/mm			...		
V_{p-p}/V			...		
V/V			...		

3. 实验注意事项

（1）被测体与涡流传感器测试探头平面尽量平行，并将探头尽量对准被测体中间，以减少涡流损失。

（2）实验完成后，必须先关闭主、副电源，再拆去实验连线（注意：拆去实验连线时，手要从连线头部的插头拉起，以免拉断实验连接线）。

四、思考题

电涡流传感器的量程与哪些因素有关？

实验十 被测体材料对电涡流传感器特性的影响实验

一、实验目的

了解被测体材料对涡流传感器性能的影响。

二、结构和原理

本实验的结构同实验一。

涡流效应与金属导体本身的电阻率和磁导率有关,因此不同的材料就会有不同的性能。在实际应用中,由于被测体的材料、形状和大小不同会导致被测体上涡流效应不充分,从而会减弱甚至不产生涡流效应,因此影响电涡流传感器的静态特性,本实验必须针对具体的两种不同材质的被测体——铝测片和铁测片进行静态特性标定。

三、实验内容

1. 实验所需单元及部件

涡流传感器,涡流变换器,铁测片,F/V 表,测微头,铝测片,振动台,主、副电源。

2. 实验步骤

(1) 安装好涡流传感器,调整好位置,装好测微头。

(2) 按图 3-22 接线,检查无误,开启主、副电源。

(3) 从传感器与铁测片接触开始,旋动测微头改变传感器与被测体的距离,记录 F/V 表读数(F/V 表置 20 V 挡)。到出现明显的非线性为止,结果填入表 3-16(建议每隔 0.05 mm 读数)中。

表 3-16　铁测片

X/mm										
V/V										

(4) 换上铝测片,重复步骤(3),结果填入表 3-17(建议每隔 0.05 mm 读数)中。

表 3-17　铝测片

X/mm										
V/V										

(5) 根据所得结果,在同一坐标纸上画出被测体为铝和铁的两条 $V\text{-}X$ 曲线,按照实验九的方法计算灵敏度与线性度,比较它们的线性范围和灵敏度,关闭主、副电源。

3. 实验注意事项

(1) 传感器在初始时可能会出现一段死区。

（2）此涡流变换器线路属于变频调幅式线路，传感器是振荡器中的一个元件，因此被测材料与传感器输出特性之间的关系与定频调幅式线路不同。

（3）实验完成后，必须先关闭主、副电源，再拆去实验连线（注意：拆去实验连线时，手应从连线头部的插头拉起，以免拉断实验连接线）。

四、思考题

（1）通过实验结果比较铜测片和铁测片哪一个的灵敏度高，并说明原因。

（2）若被测体为非金属材料，是否可利用电涡流传感器进行位移测试？

实验十一 压电式传感器的动态响应实验

一、实验目的

（1）了解压电式传感器的原理、结构。

（2）了解压电式传感器的应用。

二、结构和原理

1. 压电效应

某些电介质在沿一定方向上受到外力的作用而变形时，内部会产生极化现象，同时在其表面上产生电荷，当外力去掉后，又重新回到不带电的状态，这种现象称为压电效应。

具有压电效应的材料分为两类，一类是压电晶体，另一类是压电陶瓷，它们压电效应的原理不相同。

2. 压电晶体的压电效应

（1）压电晶体的压电效应以石英晶体为例来说明，石英晶体（SiO_2）是六角形晶体柱，如图3-23所示。

（2）石英晶体片不受力作用时，晶体片为电中性，晶体片表面不带电，如图3-24所示。

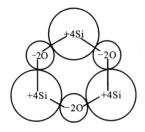

图 3-23 石英晶体

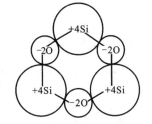

图 3-24 石英晶片不受力作用

（3）石英晶体片受电轴方向的力作用时，晶体片极化，晶体片表面将带电，带电的极性如图3-25所示，带电面在受力面上，并且石英晶体片是有极性的。

（4）石英晶体片受机械轴方向的力作用时，晶体片也会极化，晶体片表面将带电，带电的极性如图3-26所示，带电面不在受力面上。

（5）石英晶体片受光轴方向的力作用时，晶体片不极化，晶体片表面将不带电，如图3-27所示。

在晶体的弹性限度内，如在电轴 x 轴方向上施加压力 F_x 时，在 x 面上产生的电荷为

$$Q = d_{11}F_x$$

式中，d_{11} 为压电常数。

3. 压电陶瓷的压电效应

（1）压电陶瓷是多晶体，在压电陶瓷的晶粒内有许多自发极化的电畴，但各个晶畴的方向

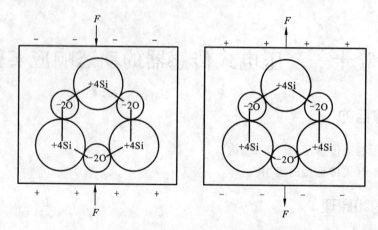

图 3-25　石英晶体电轴压电效应

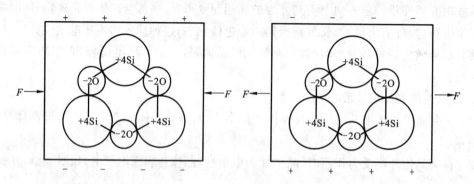

图 3-26　石英晶体机械轴压电效应

是任意的,如图 3-28 所示,所以压电陶瓷片未处理前是无极化的。

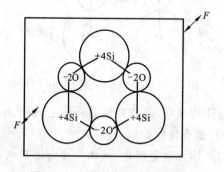

图 3-27　石英晶体光轴压电效应

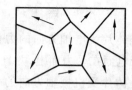

图 3-28　石英晶体内未极化的电畴

　　(2) 在压电陶瓷片上外加强电场时,晶粒内的电畴都转向外加电场方向,使压电陶瓷片产生极化,从而使压电陶瓷片表面出现电荷,外加强电场撤销时,晶粒内的电畴维持原样,压电陶瓷片的极化维持不变,压电陶瓷片表面出现的电荷不消失,如图 3-29 所示。

　　(3) 由于环境电荷的存在,极化处理后的压电陶瓷片带电的表面将带上异号的自由电荷,使压电陶瓷片不带电,如图 3-30 所示。

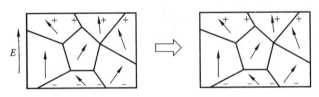

图 3-29　电畴的极化过程

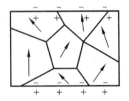

图 3-30　晶体表面的电荷分布

（4）当压电陶瓷片受外力作用时,压电陶瓷片的极化将减小或增大,使极化电荷减小或增大,这时压电陶瓷片表面将出现多余的净电荷,使压电陶瓷片表面带电,如图 3-31 所示。

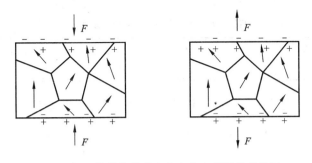

图 3-31　石英晶体的受力方向和电荷极性的关系

（5）刚刚极化处理的压电陶瓷片性能是不稳定的,要经过两三个月其性能才能稳定,但经过两年后其性能又会下降,因此其制作的传感器要经常校准。

总之,压电式传感器是一种典型的有源传感器（发电型传感器）。压电传感元件是力敏感元件,在压力、应力、加速等外力作用下,在电介质表面产生电荷,从而实现非电量的电测。

另外,由于外力作用在压电元件上产生的电荷只有在无泄漏的情况下才能保存,即需要测量回路具有无限大的输入阻抗,这实际上是不可能的,因此压电式传感器不能用于静态测量。压电元件在交变力的作用下,电荷可以不断得到补充,可以供给测量回路以一定的电流,故只适用于动态测量。

三、实验内容

1. 实验所需单元及部件

低频振荡器,电荷放大器,低通滤波器,单芯屏蔽线,压电传感器,双线示波器,激振线圈,磁电传感,F/V 表,主、副电源,振动平台。

2. 实验步骤

（1）有关旋钮的初始位置:低频振荡器的幅度旋钮置于最小,F/V 表置于 2 k 挡。

（2）观察压电式传感器的结构,根据图 3-32 的电路结构,将压电式传感器、电荷放大器、低通滤波器、双踪示波器连接起来,组成一个测量线路,并将低频振荡器的输出端与频率表的输入端相连。

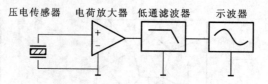

图 3-32 压电式传感器位移测量电路

（3）将低频振荡器信号接入振动台的激振线圈。

（4）调整好示波器，低频振荡器的幅度旋钮固定至最大，调节频率，调节时用频率表监测频率，用示波器读出峰峰值填入表 3-18。

表 3-18 频率及电压峰峰值数据表

F/Hz	2	4	6	8	10	12	14	16	18	20	24	26	28	30
$V_{p\text{-}p}/V$														

（5）示波器的另一通道观察磁电式传感器的输出波形，并与压电波形相比较，观察其波形差。

3. 实验注意事项

（1）压电式传感器不能用于静态测量。

（2）实验完成后，必须先关闭主、副电源，再拆去实验连线（注意：拆去实验连线时，手应从连线头部的插头拉起，以免拉断实验连接线）。

四、思考题

（1）根据实验结果，振动台的自振频率大致是多少？

（2）试说明压电式传感器的特点。压电波形和磁电式传感器输出波形相比较的相位差 $\Delta\varphi$ 大致为多少？

实验十二　热电偶实验

一、实验目的

(1) 了解热电偶的原理及现象。
(2) 了解分度表的应用。

二、结构和原理

1. 热电效应

当有两种不同的导体或半导体 A 和 B 组成一个回路,其两端相互连接时,如图 3-33 所示,只要两节点处的温度不同,一端温度为 t,称为工作端或热端,另一端温度为 t_0,称为自由端(也称参考端)或冷端(冷端可以是室温值也可以是经过补偿后的 0 ℃、25 ℃的模拟温度场),回路中将产生一个电动势,该电动势的方向和大小与导体的材料及两个接点的温度有关,这种现象称为热电效应,两种导体组成的回路称为热电偶,这两种导体称为热电极,产生的电动势称为热电动势。

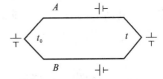

图 3-33　热电偶回路

热电动势由两部分电动势组成,一部分是两种导体的接触电动势,另一部分是单一导体的温差电动势。

2. 接触电动势

当 A 和 B 两种不同材料的导体接触时,由于两者内部单位体积的自由电子数目不同(电子密度不同),所以电子在两个方向上扩散的速率就不一样。现假设导体 A 的自由电子密度大于导体 B 的自由电子密度,则导体 A 扩散到导体 B 的电子数比导体 B 扩散到导体 A 的电子数多。所以导体 A 失去电子带正电荷,导体 B 得到电子带负电荷。于是,在 A、B 两个导体的接触界面上便形成一个由 A 到 B 的电场,该电场的方向与扩散进行的方向相反,它将引起反方向的电子转移,阻碍扩散作用的继续进行。当扩散作用与阻碍扩散作用相等时,即自导体 A 扩散到导体 B 的自由电子数与在电场作用下自导体 B 到导体 A 的自由电子数相等时,便处于一种动态平衡状态。在这种状态下,A 与 B 两个导体的接触处就产生了电位差,称为接触电动势。接触电动势的大小与导体的材料、接点的温度有关,与导体的直径、长度及几何形状无关。对于温度分别为 t 和 t_0 的两个接点,可得下列接触电动势公式

$$e_{AB}(t) = U_{At} - U_{Bt}, \quad e_{AB}(t_0) = U_{At_0} - U_{Bt_0}$$

式中,$e_{AB}(t)$、$e_{AB}(t_0)$ 为导体 A、B 在接点温度 t 和 t_0 时形成的电动势;U_{At}、U_{At_0} 分别为导体 A 在接点温度为 t 和 t_0 时的电压;U_{Bt}、U_{Bt_0} 分别为导体 B 在接点温度为 t 和 t_0 时的电压。

3. 温差电动势

对于导体 A 或 B,将其两端分别置于不同的温度场 t、t_0($t > t_0$)中。在导体内部,热端的自由电子具有较大的动能向冷端移动,从而使热端失去电子带正电荷,冷端得到电子带负电

荷。这样,导体两端便产生了一个由热端指向冷端的静电场,该电场阻止电子从热端继续移动到冷端并使电子反方向移动,最后也达到了动态平衡状态。这样,导体两端便产生了电位差,将该电位差称为温差电动势。温差电动势的大小取决于导体的材料及两端的温度,其计算式如下

$$e_A(t,t_0)=U_{At}-U_{At_0}, \quad e_B(t,t_0)=U_{Bt}-U_{Bt_0}$$

式中,$e_A(t,t_0)$、$e_B(t,t_0)$ 为导体 A 和 B 在两端温度分别为 t 和 t_0 时形成的电动势。

导体 A 和 B 头尾相接形成回路,如果导体 A 的电子密度大于导体 B 的电子密度,且两接点的温度不相等,则在热电偶回路中存在着四个电势,即两个接触电动势和两个温差电动势。热电偶回路的总电动势为

$$E_{AB}(t,t_0)=e_{AB}(t)-e_{AB}(t_0)+e_A(t,t_0)-e_B(t,t_0)$$

实践证明,在热电偶回路中起主要作用的是接触电动势,温差电动势只占极小部分,可以忽略不计,故上式可以写成

$$E_{AB}(t,t_0)=e_{AB}(t)-e_{AB}(t_0)$$

式中,由于导体 A 的电子密度大于导体 B 的电子密度,所以 A 为正极,B 为负极。脚注 AB 的顺序表示电动势的方向。不难理解,当改变脚注的顺序时,电动势前面的符号(指正、负号)也应随之改变。因此,上式也可以写成

$$E_{AB}(t,t_0)=e_{AB}(t)+e_{BA}(t_0)$$

综上所述,热电偶回路中热电动势的大小只与组成热电偶的导体材料和两个接点的温度有关,而与热电偶的形状尺寸无关。当热电偶两电极材料固定后,热电动势便是两个接点温度 t 和 t_0 的函数差,即

$$E_{AB}(t,t_0)=f(t)-f(t_0)$$

如果使冷端温度 t_0 保持不变,则热电动势便成为热端温度 t 的单一函数,即

$$E_{AB}(t,t_0)=f(t)-C=\varphi(t)$$

这一关系式在实际测温中得到了广泛应用。因为冷端 t_0 恒定,热电偶产生的热电动势只随热端(测量端)温度的变化而变化,即一定的热电动势对应着一定的温度。只要用测量热电动势的方法就可达到测温的目的。本仪器中热电偶为铜-康铜热电偶。

4. 热电偶的基本定律

1) 均质导体定律

如果热电偶回路中的两个热电极材料相同,无论两个接点的温度如何,热电动势为零。根据这个定律可以检验两个热电极材料成分是否相同(称为同名极检验法),也可以检查热电极材料的均匀性。

2) 中间导体定律

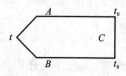

图 3-34　热电偶中接入第三种导体

在热电偶回路中接入第三种导体,只要第三种导体的两个接点温度相同,则回路中总的热电动势不变。

如图 3-34 所示,在热电偶回路中接入第三种导体 C。设导体 A 与 B 接点处的温度为 t,A 与 C、B 与 C 两个接点处的温度为 t_0,则回路中的总电动势为

$$E_{ABC}(t,t_0)=e_{AB}(t)+e_{BC}(t_0)+e_{CA}(t_0)$$

如果回路中三个接点的温度相同,即 $t=t_0$,则回路总电动势必为零,即

$$e_{AB}(t_0) + e_{BC}(t_0) + e_{CA}(t_0) = 0$$

或者

$$e_{AB}(t_0) + e_{BC}(t_0) = -e_{CA}(t_0)$$

由以上三式可得

$$E_{ABC}(t, t_0) = e_{AB}(t) - e_{AB}(t_0)$$

用同样的方法证明,断开热电偶的任何一个极,用第三种导体引入测量仪表,其总电动势也是不变的。

热电偶的这种性质在实用上有着重要的意义,它使人们可以方便地在回路中直接接入各种类型的显示仪表或调节器,也可以将热电偶的两端不焊接而直接插入液态金属中或直接焊在金属表面进行温度测量。

3)标准电极定律

如果两种导体分别与第三种导体组成的热电偶所产生的热电动势已知,则由这两种导体组成的热电偶所产生的热电动势也已知。

如图 3-35 所示,导体 A、B 分别与标准电极 C 组成热电偶,若它们所产生的热电动势为已知,即

$$E_{AC}(t, t_0) = e_{AC}(t) - e_{AC}(t_0), \quad E_{BC}(t, t_0) = e_{BC}(t) - e_{BC}(t_0)$$

那么,导体 A 与 B 组成的热电偶的热电动势可由下式求得

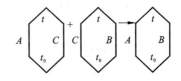

图 3-35 三种导体分别组成热电偶

$$E_{AB}(t, t_0) = E_{AC}(t, t_0) + E_{CB}(t, t_0)$$

标准电极定律是一个极为实用的定律。可以想象,纯金属的种类很多,而合金类型更多,因此,要得出这些金属之间组合而成热电偶的热电动势,其工作量是极大的。由于铂的物理、化学性质稳定,熔点高,易提纯,所以通常选用高纯铂丝作为标准电极,只要测得各种金属与纯铂组成的热电偶的热电动势,则各种金属之间相互组合而成的热电偶的热电动势可根据上式直接计算出来。

4)中间温度定律

热电偶在两个接点温度 t、t_0 时的热电动势等于该热电偶在接点温度为 t、t_n 和 t_n、t_0 时的相应热电动势的代数和。

中间温度定律可以表示为

$$E_{AB}(t, t_0) = E_{AB}(t, t_n) + E_{AB}(t_n, t_0)$$

中间温度定律为补偿导线的使用提供了理论依据,它表明,若热电偶的热电极被导体延长,接入的导体组成热电偶的热电特性与被延长的热电偶的热电特性相同,且它们之间连接的两点温度相同,则总回路的热电动势与连接点温度无关,只与延长以后的热电偶两端的温度有关。

三、实验内容

1. 实验所需单元及部件

—15 V 不可调直流稳压电源,差动放大器,F/V 表,加热器,热电偶,水银温度计(自备),主、副电源。

2. 实验步骤

（1）F/V 表切换开关置 2 V 挡,差动放大器增益最大。

（2）了解热电偶在实验仪上的位置及符号,实验仪所配的热电偶是由铜-康铜组成的简易热电偶,分度号为 T。它封装在双孔悬臂梁的下片梁的加热器里面(不可见)。

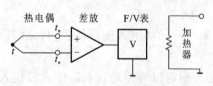

图 3-36　热电偶测量电路

（3）按图 3-36 接线,开启主、副电源,调节差动放大器调零旋钮,使 F/V 表显示零,记录下自备温度计的室温。

（4）将 −15 V 直流电源接入加热器的一端,加热器的另一端接地,观察 F/V 表显示值的变化,待显示值稳定不变时记录下 F/V 表显示的读数 E。

（5）用自备的温度计测出下梁表面加热器处的温度 t 并记录下来(注意:温度计的测温探头不要触到应变片,只要触及热电偶处附近的梁体即可)。

（6）根据热电偶的热电势与温度之间的关系式

$$E_{ab}(t,t_0)=E_{ab}(t,t_n)+E_{ab}(t_n,t_0)$$

式中,t 为热电偶的热端(工作端或称测温端)温度;t_n 为热电偶的冷端(自由端即热电势输出端)温度也就是室温;t_0 为 0 ℃($t_n=t_0$)。

① 热端温度为 t,冷端温度为室温时,热电势 $E_{ab}(t,t_n)=$(F/V 表显示读数 E)/100×2（100 为差动放大器的放大倍数,2 为两个热电偶串联)。

② 热端温度为室温,冷端温度为 0 ℃,铜-康铜的热电势为 $E_{ab}(t_n,t_0)$:查以下所附的热电偶自由端为 0 ℃时的热电势和温度的关系即铜-康铜热电偶分度表,得到室温(温度计测得)时的热电势。

③ 计算:热端温度为 t,冷端温度为 0 ℃时的热电势为 $E_{ab}(t,t_0)$,根据计算结果,查分度表 3-19 得到温度 t。

表 3-19　铜-康铜热电偶分度(自由端温度 0 ℃,分度号为 T)

工作端温度/℃	0	1	2	3	4	5	6	7	8	9
	热电动势/mV									
0	0.000	0.039	0.078	0.147	0.156	0.195	0.234	0.273	0.312	0.351
10	0.391	0.430	0.470	0.510	0.549	0.589	0.629	0.669	0.709	0.749
20	0.789	0.830	0.870	0.911	0.951	0.992	1.032	1.073	1.114	1.155
30	1.196	1.237	1.279	1.320	1.361	1.403	1.444	1.486	1.528	1.569
40	1.611	1.653	1.695	1.738	1.780	1.822	1.865	1.907	1.950	1.992
50	2.035	2.078	2.121	2.164	2.207	2.250	2.294	2.337	2.380	2.424
60	2.467	2.511	2.555	2.599	2.643	2.687	2.731	2.775	2.819	2.864
70	2.908	2.953	2.997	3.042	3.087	3.131	3.176	3.221	3.266	3.312
80	3.357	3.402	3.447	3.483	3.583	3.584	3.630	3.676	3.721	3.767
90	3.827	3.873	3.919	3.965	4.012	4.058	4.105	4.151	4.198	4.244
100	4.291	4.338	4.385	4.432	4.479	4.529	4.573	4.621	4.668	4.715

　　（7）热电偶测得温度值与自备温度计测得温度值相比较（注意：本实验仪所配的热电偶为简易热电偶，并非标准热电偶，只是了解热电势现象）。

　　（8）实验完毕关闭主、副电源，尤其是加热器－15 V 电源（自备温度计测出温度后马上拆去－15 V 电源连接线），其他旋钮置原始位置。

3. 实验注意事项

　　（1）会正确查分度表。

　　（2）实验完成后，必须先关闭主、副电源，再拆去实验连线（注意：拆去实验连线时，手应从连线头部的插头拉起，以免拉断实验连接线）。

四、思考题

　　（1）为什么差动放大器接入热电偶后需再调差放零点？

　　（2）简述热电偶能够工作的两个条件。

实验十三　霍尔式传感器实验

一、实验目的

（1）了解霍尔传感器的基本原理。

（2）了解霍尔传感器的直流激励特性。

二、结构和原理

1. 霍尔效应

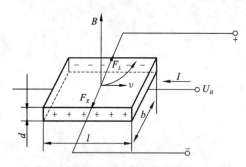

图 3-37　磁场中的导体

1879 年美国物理学家霍尔发现，将一载流导体放在磁场中，如图 3-37 所示，如果磁场方向与电流方向正交，则在与磁场和电流两者垂直的方向上将会出现横向电势，此现象称为霍尔效应，相应的电势称为霍尔电势，其计算公式为

$$U_H = \frac{IB}{ned} = R_H \cdot \frac{1}{d} \cdot IB = K_H \cdot IB$$

式中，n 为导体单位体积电子数；e 为电子电荷；d 为导体的厚度；I 为激励电流；B 为外加磁感应强度；$R_H = \frac{1}{ne}$ 为霍尔系数；$K_H = \frac{R_H}{d}$ 为霍尔片的灵敏度，具有霍尔效应的半导体，在其相应的侧面上装上电极后即构成霍尔元件。常用灵敏度 $K_H = \frac{R_H}{d}$ 来表征霍尔元件的特性。

2. 霍尔元件的工作原理

霍尔元件的结构中，矩型薄片状的立方体称为基片，在它的两侧各装有一对电极，如图 3-38 所示。一个电极用来加激励电压或激励电流，故称为激励电极，有两根相应的引线，称为激励电流端引线（图中 a、b 线），通常用红色导线。另一个电极作为霍尔电势的输出，故称为霍尔电极，相应地有两根霍尔输出端引线（图中 c、d 线），通常用绿色导线。其焊接处称为霍尔电极。

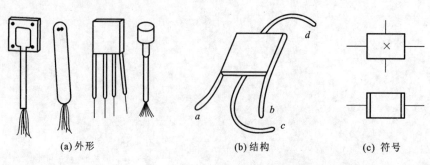

(a) 外形　　　　　　　(b) 结构　　　　　　　(c) 符号

图 3-38　霍尔元件

在实际应用中,当磁场强度 H(或磁感应强度 B)和激励电流 I 中的一个量为常量,而另一个作为输入时,则输出霍尔电势 U_H 正比于 I 或 H(或 B)。

实验装置采用的磁路系统如图 3-39(a)所示,由于两对极性相反的磁极的共同作用,在磁极间形成一个梯度磁场。理想特性如图 3-39(b)所示,磁感应强度 B 是位移 X 的函数,即 $B=f(X)$。调整霍尔元件处于图示中心位置时,由于该处磁场作用抵消 $B=0$,所以霍尔元件上下运动时霍尔电势大小和符号也会跟随变化,并且有 $U_H=f(X)$。因此,用一标准磁场或已知特性磁场的磁路系统来校准霍尔元件的输出电势时,可采用测量磁场强度的方法。

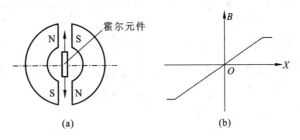

图 3-39　实验仪器的霍尔元件磁路系统和特性

三、实验内容

1. 实验所需单元及部件

霍尔片,磁路系统,电桥,差动放大器,F/V 表,直流稳压电源,测微头,振动平台,主、副电源。

2. 实验步骤

(1)差动放大器增益旋钮调到最小,电压表置 20 V 挡,直流稳压电源置 2 V 挡。

(2)了解霍尔式传感器的结构及实验仪上的安装位置,熟悉实验面板上霍尔片的符号。霍尔片安装在实验仪的振动圆盘上,两个半圆永久磁钢固定在实验仪的顶板上,二者组合成霍尔传感器。

(3)开启主、副电源将差动放大器调零后,增益最小,关闭主电源,根据图 3-40 接线,W_1、r 为电桥单元的直流电桥平衡网络。

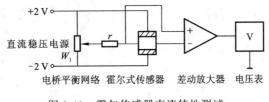

图 3-40　霍尔传感器直流特性测试

(4)装好测微头,调节测微头与振动台吸合,并使霍尔片置于半圆磁钢上下正中位置。

(5)开启主、副电源,调整 W_1 使电压表指示为零。

(6)向下旋动测微头,记下电压表的读数,建议每 0.5 mm 读一个数,将读数填入表 3-20 中。

表 3-20　位移及电压数据表

X/mm	0	0.5	1.0	1.5	2.0	2.5	3.0	3.5	4.0	...
V/V										

（7）测微头退回至初始位置，并开始以相反方向旋动，重复步骤（6），并将读数填入表 3-21 中。

表 3-21　位移及电压数据表

X/mm	0	0.5	1.0	1.5	2.0	2.5	3.0	3.5	4.0	...
V/V										

（8）关闭主、副电源。根据测量结果作出 V-X 曲线，指出线性范围，求出灵敏度。

可见，本实验测出的实际上是磁场情况，磁场分布为梯度磁场与磁场分布有很大差异，位移测量的线性度、灵敏度与磁场分布有很大关系。

3. 实验注意事项

（1）霍尔元件上所加电压不得超过 ±2 V，以免损坏霍尔片，辨别霍尔片的输入端。

（2）由于磁路系统的气隙较大，应使霍尔片尽量靠近极靴，以提高灵敏度。

（3）一旦调整好测量系统，测量时就不能移动磁路系统。

（4）实验完成后，必须先关闭主、副电源，再拆去实验连线（注意：拆去实验连线时，手应从连线头部的插头拉起，以免拉断实验连接线）。

四、思考题

（1）实验测出的实际上是磁场的分布情况，其线性好坏是否影响位移测量的线性度？

（2）霍尔传感器是否适用于大位移测量？

（3）霍尔片工作在磁场的哪个范围灵敏度最高？

实验十四 磁电式传感器实验

一、实验目的

了解磁电式传感器的工作原理及应用。

二、结构和原理

磁电感应式传感器又称为磁电式传感器,是利用电磁感应原理将被测量(如振动、位移、转速等)转换成电信号的一种传感器。它不需要辅助电源,就能把被测对象的机械量转换成易于测量的电信号,是一种有源传感器。由于它输出功率大且性能稳定,具有一定的工作带宽(10~1000 Hz),所以得到普遍应用。

磁电感应式传感器是以电磁感应原理为基础,根据电磁感应定律,线圈两端的感应电动势正比于线圈所包围的磁通对时间的变化率,即 $e=-\dfrac{\mathrm{d}\varphi}{\mathrm{d}t}=-W\dfrac{\mathrm{d}\Phi}{\mathrm{d}t}$,其中 W 是线圈匝数,Φ 为线圈所包围的磁通量。若线圈相对磁场运动速度为 v 或角速度,则上式可改为 $e=-WBlv$ 或者 $e=-WBS$,l 为每匝线圈的平均长度;B 为线圈所在磁场的磁感应强度;S 为每匝线圈的平均截面积。

按工作原理不同,磁电感应式传感器可分为恒定磁通式和变磁通式,即动圈式传感器和磁阻式传感器。

1. 恒定磁通式磁电感应式传感器

恒定磁通式磁电感应式传感器按运动部件的不同可分为动圈式和动铁式。

(1)动圈式磁电传感器。动圈式磁电传感器的中线圈是运动部件,基本形式是速度传感器,能直接测量线速度或角速度,如果在其测量电路中接入积分电路或微分电路,那么还可以用来测量位移或加速度。

(2)动铁式磁电传感器。动铁式磁电感应式传感器的运动部件是铁芯,可用于各种振动和加速度的测量。

2. 变磁通式磁电感应传感器

变磁通式磁电感应传感器中,线圈和磁铁都静止不动,转动物体引起磁阻、磁通变化,常用来测量旋转物体的角速度。线圈和磁铁静止不动,测量齿轮(导磁材料制成)每转过一个齿,传感器磁路磁阻变化一次,线圈产生的感应电动势的变化频率等于测量齿轮1上齿轮的齿数和转速的乘积。变磁通式传感器对环境条件要求不高,能在−150~+90 ℃的温度下工作,不影响测量精度,也能在油、水雾、灰尘等条件下工作。但它的工作频率下限较高,约为50 Hz,上限可达100 Hz。

本实验中的磁电式传感器是由动铁与感应线圈组成的动铁式磁电传感器,永久磁钢做成的动铁产生恒定的直流磁场,当动铁与线圈有相对运动时,线圈与磁场中的磁通交链产生感应电势,e 与磁通变化率成正比,是一种动态传感器。

三、实验内容

1. 实验所需单元及部件

差动放大器,涡流变换器,激振器,示波器,磁电式传感器,涡流传感器,振动平台,主、副电源。

2. 实验步骤

(1) 差动放大器增益旋钮置于中间,低频振荡器的幅度旋钮置于最小,F/V 表置 2 kHz 挡。

(2) 观察磁电式传感器的结构,根据图 3-41 的电路结构将磁电式传感器、差动放大器、低通滤波器、双线示波器连接起来,组成一个测量线路,并将低频振荡器的输出端与频率表(F/V 表置 2k 挡)的输入端相连,开启主、副电源。

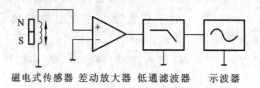

磁电式传感器　差动放大器　低通滤波器　　示波器

图 3-41　磁电式传感器的测量电路

(3) 调整好示波器,低频率振荡器的幅度旋钮固定至某一位置,调节频率,调节时用频率表监测频率,用示波器读出峰峰值填入表 3-22 中。

表 3-22　频率及电压峰峰值数据表

f/Hz	5	6	7	8	9	10	11	12	13	14	15	16	17	18	19	20	23	25	30
$V_{\text{p-p}}$/V																			

(4) 拆去磁电传感器的引线,把涡流传感器经涡流变换后接入低通滤波器,再用示波器观察输出波形(波形好坏与涡流传感器的安装位置有关,参照涡流传感器实验),并与磁电传感器的输出波形相比较。

3. 实验注意事项

实验完成后,必须先关闭主、副电源,再拆去实验连线(注意:拆去实验连线时,手应从连线头部的插头拉起,以免拉断实验连接线)。

四、思考题

(1) 磁电式传感器的特点有哪些?

(2) 比较磁电式传感器与涡流传感器输出波形的相位,观察二者的区别,并说明原因。

实验十五　光纤传感器位移特性实验

一、实验目的

(1) 了解光纤的基本结构、光在光纤中的传播、光纤波导的概念。

(2) 了解光纤位移传感器的工作原理、装置结构和静态性能。

二、结构和原理

1. 光纤的结构和传光原理

1) 光纤的结构

光纤是光导纤维的简称,是由折射率较大的纤芯和折射率较小的包层组成的双层同心圆结构。

2) 光纤的传光原理

光纤工作的基础是光的全反射。如图 3-42 所示为光纤的传光原理:当光在光纤端面中心的入射角不大于临界入射角 θ_c 时,光线全部被反射回光密介质,即光被全反射,光在纤芯和包层界面上经过若干次全反射,呈锯齿状路线在芯内向前传播,最后从光纤的另一端面射出。

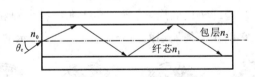

图 3-42　光在光纤中的传播

3) 光纤的主要性能

数值孔径(NA):光纤的一个重要性能参数,表示光纤的集光能力,即临界入射角 θ_c 的正弦函数。

光纤模式:指光波沿着光纤传播的途径和方式,分为单模和多模光纤。

色散:当光信号以光脉冲形式输入光纤,经过光纤传输后脉冲变宽的现象,分为材料色散、波导色散和多模色散。

传输损耗:其大小是评定光纤优劣的重要指标,其原因有材料的吸收、弯曲损耗和散射。

2. 光纤传感器的基本结构原理

按照光纤在传感器中的作用,通常分为功能型(或称传感型)光纤传感器(如图 3-43(a)所示)和非功能型(或称传光型)光纤传感器(如图 3-43(b)~图 3-43(d)所示)。

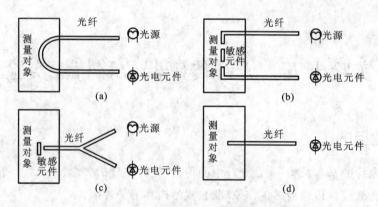

图 3-43　光纤传感器的基本结构原理

3. 光纤位移传感器的原理与结构

1）光纤位移传感器原理

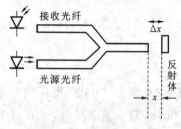

图 3-44　光纤位移传感器图

如图 3-44 所示,这是一种基于改变反射面与光纤端面之间距离的反射光强调制型传感器。反射面是被测物的表面。Y 形光纤束由发送光纤束和接收光纤束组成,其中发送光纤束的一端与光源耦合,并将光源射入其纤芯的光传播到被测物表面。反射光被接收光纤束拾取,并传播到光电探测器转换成电信号输出。

2）光纤位移传感器的结构

光纤位移传感器的 Y 形光纤束由约几百根至几千根直径为几十微米的阶跃型多模光纤集束而成,其被分成纤维数目大致相等、长度相同的两束:发送光纤束和接收光纤束。它们在汇集处端面的分布有图 3-45 所示的几种。

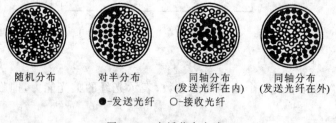

随机分布　　对半分布　　同轴分布　　　　同轴分布
　　　　　　　　　　　（发送光纤在内）（发送光纤在外）
●-发送光纤　　○-接收光纤

图 3-45　光纤分布方式

3）测量原理

如图 3-46 所示,以相邻两根光纤(一根发送光纤和一根接收光纤)为例。当反射面与光纤端面之间的距离为 x 时,发送光纤的发射光在反射面上的光照面积为 A,能够被接收光纤拾取的反射光最大面积也为 A。从图 3-46 中可见,实际上只有两圆交叉的那一部分光照面积 B_1 的光能够被反射到接收光纤的端面上(光照面积为 B_2)。当距离增大时,发送光纤在反射面上的光照面积 A 和交叉部分的光照面积 B_1 都相应变大,接收光纤端面的反射光照面积 B_2 也随之增大,接收光纤拾取的光通量也就相应增加。当接收光纤的端面(面积为 C)

全部被反射光照时,反射到接收光纤的光强到最大值;若距离再继续增大,由于接收光纤端面的光照面积不再增加,相反地随着距离的增加,入射到反射面的光强却急剧减小,故反射到接收光纤的光强将随距离的增加而减小。通过对光强的检测而得到的位移量如图 3-47 所示。

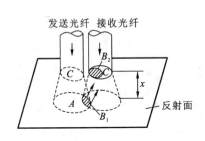

图 3-46 接收光照面积与距离的关系

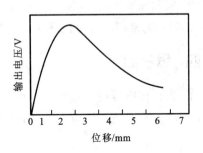

图 3-47 反射光强与位移的关系

三、实验内容

1. 实验所需单元及部件

差动放大器,光纤传感器,F/V 表,振动台,主、副电源。

2. 实验步骤

(1) 观察光纤位移传感器的结构,它由两束光纤混合后,组成 Y 形光纤,探头固定在 Z 形安装架上,外表螺丝的端面为半圆分布的光纤探头。

(2) 了解振动台在实验仪上的位置(实验仪台面上右边的圆盘,在振动台上贴有反射纸作为光的反射面)。

(3) 如图 3-48 接线,因为光/电转换器内部已安装好,所以可将电信号直接经差动放大器放大。F/V 表的切换开关置 2 V 挡,开启主、副电源。

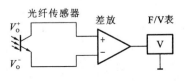

图 3-48 光纤位移传感器静态测量

(4) 旋转测微头,使光纤探头与振动台面接触,调节差动放大器增益至最大,调节差动放大器零位旋钮使电压表读数尽量为零,旋转测微头使贴有反射纸的被测体慢慢离开探头,观察电压读数由小到大再变小的变化。

(5) 旋转测微头使 F/V 表指示重新回零;旋转测微头,每隔 0.1 mm 读出电压表的读数,并将其填入表 3-23 中。

表 3-23 位移及电压数据表

测量次数	1	2	3	5	6	7	8	9	10	...
X/mm	0.0	0.1	0.2	0.3	0.4	0.5	0.6	0.7	0.8	
V/mV										

(6) 关闭主、副电源,把所有旋钮复原到初始位置。

（7）作出 $V\text{-}\Delta X$ 曲线，计算灵敏度 $S=\Delta V/\Delta X$ 及线性范围。

3. 实验注意事项

（1）接线时，同点（线）同色，异点（线）异色。

（2）测微头的初始刻度至少需满足测量 50 个数据要求。

（3）实验完成后，必须先关闭主、副电源，再拆去实验连线（注意：拆去实验连线时，手应从连线头部的插头拉起，以免拉断实验连接线）。

四、思考题

（1）光纤传感器在位移测量中有哪些特点？灵敏度如何？

（2）以上实验光纤作为传光的介质，是否具有测量的功能？

实验十六　光纤传感器测量振动实验

一、实验目的

了解光纤传感器动态位移性能。

二、结构和原理

同实验十五。

三、实验内容

1. 实验所需单元及部件

主、副电源,差动放大器,光纤位移传感器,低通滤波器,振动台,低频振荡器,激振线圈,示波器。

2. 实验步骤

(1) 了解激振线圈在实验仪上所在位置及激振线圈的符号。

(2) 在实验十五的电路中接入低通滤波器和示波器,按照图 3-49 接线。

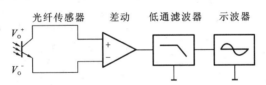

图 3-49　光纤传感器测量振动电路

(3) 将测微头与振台面脱离,测微头远离振动台。将光纤探头与振动台反射纸的距离调整在光纤传感器工作点即线性段中点上(利用静态特性实验中的得到的特性曲线,选择线性中点的位置为工作点,目测振动台的反射纸与光纤探头端面之间的相对距离即线性区 ΔX 的中点)。

(4) 将低频振荡信号接入振动台的激振线圈上,开启主、副电源,调节低频振荡器的频率与幅度旋钮,使振动台振动且振动幅度适中。

(5) 保持低频振荡器输出的 V_{p-p} 幅值不变,改变低频振荡器的频率(用示波器观察低频振荡器输出的 V_{p-p} 值为一定值,在改变频率的同时如幅值发生变化则调整幅度旋钮值与 V_{p-p} 相同),将频率和示波器上所测的峰峰值(此时的峰峰值 V_{p-p} 是指经低通滤波后的 V_{p-p})填入表 3-24 中,并作出幅频特性图。

表 3-24　电压峰-峰值及频率数据表

幅度(V_{p-p}/V)						
频率/Hz						

(6) 关闭主、副电源,把所有旋钮复原到原始最小位置。

3. 实验注意事项

（1）在振动台固有频率点附近可以多测量几个点。

（2）实验完成后，必须先关闭主、副电源，再拆去实验连线（注意：拆去实验连线时，手应从连线头部的插头拉起，以免拉断实验连接线）。

四、思考题

根据测量数据找出振动台的固有频率。

第四章　综合设计性实验项目

实验一　直流全桥的应用——电子秤的设计

一、实验目的

了解应变直流全桥的应用及电路的标定。

二、结构和原理

电子秤实验结构和原理与第三章实验三相同,利用全桥测量原理,通过对电路调节使电路输出的电压值为重量对应值,电压量纲(mV)改为重量量纲(g)即成为一台原始的电子秤。

三、实验内容

1. 实验所需单元及部件

直流稳压电源,差动放大器,电桥,直流电压表(F/V 表),双孔悬臂梁称重传感器,应变片,砝码,主、副电源。

2. 实验步骤

(1) 了解所需单元、部件在实验仪上的位置,观察梁上的应变片,应变片为棕色衬底箔式结构小方薄片,上下两片梁的外表各贴两片受力应变片。

(2) 将差动放大器调零,用连线将差动放大器的正(+)、负(−)、地短接。将差动放大器的输出端与 F/V 表的输入插口 Vi 相连;开启主、副电源;调节差动放大器的增益到最大位置,然后调整差动放大器的调零旋钮使 F/V 表显示为零,关闭主、副电源。

(3) 根据图 3-5 接线。R_1、R_2、R_3 和 R_4 均为受力应变片,组桥时只要掌握对臂应变片的受力方向相同,邻臂应变片的受力方向相反即可,否则相互抵消没有输出,接成一个直流全桥,将稳压电源的切换开关置±4 V 挡,F/V 表置 20 V 挡。开启主、副电源,调节电桥平衡网络中的 W_1,使 F/V 表显示为零,等待数分钟后将 F/V 表置 2 V 挡,再调电桥 W_1(慢慢地调),使 F/V 表显示为零。

(4) 将 5 只砝码全部置于传感器的托盘上,调节差动放大器的增益旋钮(增益即满量程调节)使直流电压表显示为 1.00 V 或−1.00 V。

(5) 拿去托盘上的所有砝码,调节 W_1(零位调节)使直流电压表显示为 0.00 V。

(6) 重复步骤(4)、步骤(5)的标定过程,直到精确为止,把电压量纲(mV)改为重量量纲(g)就可以称重,成为一台原始的电子秤。

（7）把砝码依次放在托盘上，测量数据填入表 4-1 中。

表 4-1　重量及电压数据表

重量/g	0	20	40	60	80	100
电压/mV						

（8）根据表 4-1，计算误差与非线性误差，绘制传感器的特性曲线。

（9）在托盘上放一个重量未知的重物，记录 F/V 表的显示值，得出未知重物的重量 M_x。

3. 实验注意事项

（1）电桥上端虚线所示的 4 个电阻实际并不存在。

（2）直流电源不可随意加大，以免损坏应变片。

（3）做此实验时应将低频振荡器的幅度调至最小，以减小其对直流电桥的影响。

（4）不要在托盘上放置过重的物体，否则容易损坏传感器，砝码和重物应放在托盘的中心。

（5）实验完成后，必须先关闭主、副电源，再拆去实验连线（注意：拆去实验连线时，手要从连线头部的插头拉起，以免拉断实验连接线）。

四、思考题

什么因素会导致电子秤的非线性误差增大？应如何消除？若要增加输出灵敏度，应采取哪些措施？

实验二　交流全桥的应用——电子秤的设计

一、实验目的

了解交流供电的金属箔式应变片电桥的实际应用。

二、结构和原理

电子秤实验结构和原理与第三章实验四相同,利用交流全桥测量原理,通过对电路调节使电路输出的电压值为重量对应值,电压量纲(mV)改为重量量纲(g)即成为一台原始的电子秤。

三、实验内容

1. 实验所需单元及部件

音频振荡器,电桥,差动放大器,移相器,低通滤波器,F/V 表,砝码,双孔悬梁称重传感器,应变片,主、副电源,示波器。

2. 实验步骤

(1) 差动放大器调整为零,将差动放大(＋、－)输入端与地短接,输出端与 F/V 表输入端 Vi 相连,开启主、副电源后调差放的调零旋钮使 F/V 表显示为零,再将 F/V 表切换开关置 2 V 挡,再细调差放调零旋钮使 F/V 表显示为零,然后关闭主、副电源。

(2) 按图 3-8 接线,图中 R_1、R_2、R_3、R_4 为应变片;W_1、W_2、C、r 为交流电桥调节平衡网络,电桥交流激励源必须从音频振荡器的 L_V 输出口引入,频振荡器旋钮置中间位置。

(3) 将 F/V 表的切换开关置 20 V 挡,示波器 X 轴扫描时间切换到 0.1～0.5 ms(以合适为宜),Y 轴 CH1 和 CH2 切换开关置 5 V/div,音频振荡器的频率旋钮置 5 kHz,幅度旋钮置中间幅度。开启主、副电源,调节电桥网络中的 W_1 和 W_2,使 F/V 表和示波器显示最小,再把 F/V 表和示波器 Y 轴的切换开关分别置 2 V 挡和 50 mV/div,细调 W_1、W_2 及差动放大器调零旋钮,使 F/V 表的显示值最小,示波器的波形大致为一条水平线(F/V 表显示值与示波器图形不完全相符时二者兼顾即可)。再用手极轻地按住双孔悬臂梁称重传感器托盘的中间产生一个极小位移,调节移相器的移相旋钮,使示波器显示全波检波的图形。放手后,示波器图形基本形成一条直线。

(4) 在传感器托盘上放 5 个砝码,调节差动放大器增益旋钮使 F/V 表数值为 1.00 V。然后拿掉所有的砝码,调节差动放大器调零旋钮使 F/V 数值为 0.00 V。重复操作这个过程(标定过程)数次即可作为电子称应用。

(5) 开始称重,每增加一只砝码记下一个数值,并将这些数值填入表 4-2 中。据所得结果计算系统灵敏度 $S = \Delta U / \Delta W$,并作出 U-W 关系曲线,ΔU 为电压变化率,ΔW 为相应的重量变化率。

表 4-2 重量及电压数据表

重量/g	0	20	40	60	80	100
电压/mV						

(6) 在托盘中间放一个重量未知的重物,记录 F/V 表的显示值,得出未知重物的重量。

(7) 实验完毕,关闭主、副电源,所有旋钮置初始位置。

3. 实验注意事项

(1) 电桥上端虚线所示的 4 个电阻实际并不存在。

(2) 不要在托盘上放置过重的物体,否则容易损坏传感器,砝码和重物应放在托盘的中心。

(3) 实验完成后,必须先关闭主、副电源,再拆去实验连线(注意:拆去实验连线时,手要从连线头部的插头拉起,以免拉断实验连接线)。

四、思考题

要将这个电子秤方案投入实际应用,应如何改进?

实验三　差动螺管式(自感式)传感器的应用
——振幅测量的设计

一、实验目的

了解差动螺管式电感传感器振动时的幅频性能和工作情况。

二、结构和原理

振幅测量实验结构和原理与第三章实验八相同,利用差动螺管自感式测量原理进行振幅测量。

三、实验内容

1. 实验所需单元及部件

差动螺管式电感传感器,音频振荡器,电桥,差动放大器,相敏检波器,移相器,低通滤波器,F/V 表,低频振荡,双踪示波器,振动平台,主、副电源。

2. 实验步骤

(1)音频振荡器频率为 5 kHz,L_v 输出幅度为峰峰值 2 V,差动放大器的增益旋钮旋至中间,F/V 表置于 2 kHz 挡,低频振荡器的幅度旋钮置于最小。

(2)根据图 3-19 的结构将差动螺管式传感器、音频振荡器、电桥平衡网络、差动放大器、相敏检波器、移相器、低通滤波器连接起来,组成一个测量电路,将示波器探头分别接至差动放大器的输出端和相敏检波器的输出端。

(3)转动测微头,脱离振动平台并远离(使振动台振动时不至于再被吸住,这时振动平台处于自由静止状态),开启主、副电源。

(4)调整电桥平衡网络的电位器 W_1 和 W_2,使差动放大器的输出端输出的信号最小,这时差动放大器的增益旋钮旋至最大。如果电桥平衡网络调整不过零,则需要调整电感中铁芯的上下位置。

(5)为了使相敏检波器输出端的两个半波的基准一致,可调整差动放大器的调零电位器,将低频振荡器输出接入激振线圈。

(6)调节低频振荡器的频率旋钮、幅度旋钮固定至某一位置使梁产生上下振动。

(7)调整移相器上的移相电位器,使得相敏检波器输出端的波形如图 4-1 所示。

(8)将示波器探头换接至低通滤波器的输出端。

(9)调节频率,调节时可用频率表监测频率,用示波器读出峰峰值填入表 4-3 中,并作应变梁的幅频特性曲线,将所作曲线和图 4-2 比较。最后关闭主、副电源。

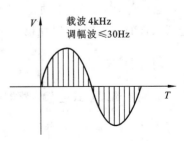

图 4-1　相敏检波器输出端的波形

表 4-3 频率及电压峰峰值数据表

f/Hz	3	4	5	6	7	8	9	10	12	14	16	18	20	22	24	26	30
$V_{o(p\text{-}p)}$/V																	

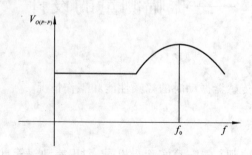

图 4-2 $V_{o(p\text{-}p)}$-f 曲线

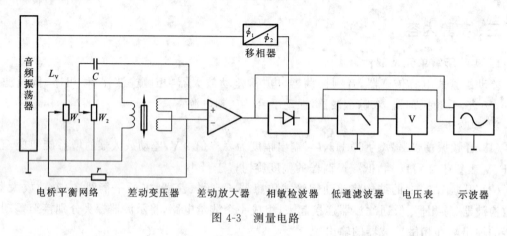

图 4-3 测量电路

3. 实验注意事项

（1）音频振荡器信号必须从 L_v 输出端输出。

（2）注意差动螺管式电感的两个线圈的接法。

（3）实验中,电桥平衡网络的电位器 W_1 和 W_2 要配合调整。

（4）实验中,为了便于观察,需要调整示波器的灵敏度。

（5）振动平台振动时的幅度可尽量大,但以与周围各部件不发生碰擦为宜,以免产生非正弦振动。

（6）实验完成后,必须先关闭主、副电源,再拆去实验连线(注意:拆去实验连线时,手要从连线头部的插头拉起,以免拉断实验连接线)。

四、思考题

研究差动螺管式电感传感器的频率特性时,为何要保持音频振荡器输出电压的幅值?

实验四　差动变压器(互感式)的应用——振幅测量实验

一、实验目的

了解差动变压器的实际应用。

二、结构和原理

振幅测量实验结构和原理与第三章实验七相同,利用差动变压器互感式测量原理进行振幅测量。

三、实验内容

1. 实验所需单元及部件

音频振荡器,差动放大器,差动变压器,移相器,相敏检波器,低通滤波器,激振器,测微头,电桥,F/V 表,示波器,主、副电源。

2. 实验步骤

(1) 音频振荡为 4~8 kHz,差动放大器增益调至最大,低频振荡器频率旋钮置最小,幅度旋钮置中。

(2) 根据图 4-3 接好线路,调节测微头远离振动台(不用测微头)将低频振荡器输出 V_o 接入激振振动台线圈一端,线圈另一端接地,开启主、副电源,调节低频振荡器幅度旋钮置中,频率从最小慢慢调大,让振动台起振并幅度适中(如振动幅度太小可调大幅度旋钮)。

(3) 将音频钮置 5 kHz,幅度钮置 $2V_{p-p}$。用示波器观察各单元(差放、检波、低通)输出的波形(示波器 X 轴扫描为 5~10 ms/div,Y 轴 CH1 或 CH2 旋钮打到 0.2~2 V)。

(4) 保持低频振荡器幅度不变,调节低频振荡器的频率,用示波器观察低通滤波器的输出,读出峰峰电压值并记下实验数据填入表 4-4 中。

表 4-4　频率及电压峰峰值数据表

f/Hz	3	4	5	6	7	8	9	10	12	14	16	18	20	22	24	26	30
$V_{o(p-p)}/V$																	

(5) 根据实验结果作出梁的振幅-频率(幅频)特性曲线,指出振动平台自振频率(谐振频率)的大致值。

(6) 实验完毕,关闭主、副电源。

3. 实验注意事项

(1) 适当选择低频激振电压,以免振动平台在自振频率附近振幅过大。

(2) 实验完成后,必须先关闭主、副电源,再拆去实验连线(注意:拆去实验连线时,手要从连线头部的插头拉起,以免拉断实验连接线)。

四、思考题

如果用直流电压表来读数,则需增加哪些测量单元? 测量线路该如何设计?

实验五　差动变压器(互感式)的应用——电子秤的设计

一、实验目的

了解差动变压器的实际应用。

二、结构和原理

参见第三章实验七差动变压器(互感式)的性能实验的结构和原理部分。

三、实验内容

1. 实验所需单元及部件

音频振荡器,差动放大器,移相器,相敏检波器,低通滤波器,F/V 表,电桥,砝码,振动平台,主、副电源。

2. 实验步骤

(1) 按图 4-4 接线,开启主、副电源,利用示波器观察调节音频振荡器的幅度旋钮,使音频振荡器的输出为峰峰值 2 V。

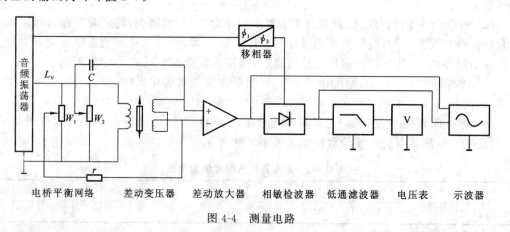

图 4-4　测量电路

(2) 将测量系统调零。

(3) 适当调整差动放大器的放大倍数,使平台上放上一定数量的砝码时电压表指示不溢出。

(4) 去掉砝码,如果必要则将系统重新调零,然后逐个加上砝码,读出表头读数,记下实验数据,填入表 4-5 中。

表 4-5　电子秤实验数据记录表

W_p					
$V_{p\text{-}p}/V$					

（5）去掉砝码,在平台上放一个重量未知的重物,记下电压表读数,最后关闭主、副电源。

（6）利用所得数据求得系统灵敏度及重物的重量。

3．实验注意事项

（1）砝码不宜太重,以免梁端位移过大。

（2）砝码应放在平台中间部位,为使操作方便,可将测头卸掉。

四、思考题

该实验测量结果的精度受哪些因素影响?

实验六　电涡流传感器的应用——振幅测量的设计

一、实验目的

了解电涡流式传感测量振动的原理和方法。

二、结构和原理

电涡流式传感器由平面线圈和金属涡流片组成,当线圈中通以高频交变电流后,与其平行的金属片上产生电涡流,电涡流的大小影响线圈的阻抗 Z,而涡流的大小与金属涡流片的电阻率、导磁率、厚度、温度以及线圈的距离 X 有关。当平面线圈、被测体(涡流片)、激励源已确定时,保持环境温度不变,阻抗 Z 只与距离 X 有关。将阻抗变化经涡流变换成电压 V 输出,则输出电压是距离 X 的单值函数(详见第三章的实验九)。

三、实验内容

1. 实验所需单元及部件

电涡流传感器(是一个扁平线圈),涡流变换器,差动放大器,电桥,铁测片,直流稳压电源,低频振荡器,激振线圈,F/V 表,示波器,主、副电源。

2. 实验步骤

(1) 装好传感器(传感器对准铁测片安装)和测微头。

(2) 用导线将传感器接入涡流变换器输入端,将输出端接至 F/V 表,电压表置于 20 V 挡,见图 4-5,开启主、副电源。

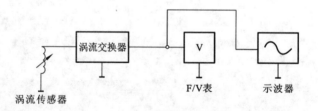

图 4-5　线性范围测量电路

(3) 用示波器观察涡流变换器输入端的波形。如果发现没有振荡波形出现,则将传感器远离被测体。调节传感器的高度,使其与被测铁片接触,从此开始读数,记下示波器及电压表的数值,填入表 4-6(建议每隔 0.10 mm 读数,到线性严重变坏为止。根据实验数据在坐标纸上画出 V-X 曲线,指出大致的线性范围)。

表 4-6　线性范围测量实验数据记录表

X/mm			
$V_{\text{p-p}}$/V			
V/V			

（4）转动测微器，将振动平台中间的磁铁与测微头充分分离，适当调节涡流传感器的高低位置，以线性范围的中点附近为参考。

（5）根据图 4-6 的电路结构接线，将涡流传感器探头、涡流变换器、电桥平衡网络、差动放大器、F/V 表、直流稳压电源连接起来，组成一个测量线路（这时直流稳压电源应置于±4 V 挡），F/V 表置 20 V 挡，开启主、副电源。

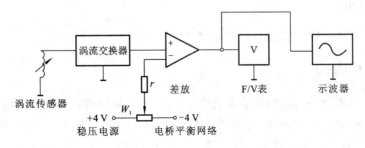

图 4-6　振幅测量电路

（6）调节电桥平衡网络，使电压表读数为零。

（7）去除差动放大器与电压表连线，将差动放大器的输出与示波器连起来，将 F/V 表置 2 kHz 挡，并将低频振荡器的输出端与频率表的输入端相连。

（8）固定低频振荡器的幅度旋钮至某一位置（以振动台振动时不碰撞其他部件为好），调节频率，调节时用频率表监测频率，用示波器读出峰峰值填入下表，关闭主、副电源。

表 4-7　振幅测量实验数据记录表

F/Hz	3	...	25
$V_{\text{p-p}}$/V			

3. 实验注意事项

（1）被测体与涡流传感器测试探头平面尽量平行，并将探头尽量对准被测体中间，以减少涡流损失。

（2）差动放大器增益置最小（逆时针到底）。

（3）直流稳压电源置±4 V 挡。

四、思考题

（1）根据实验结果，振动台的自振频率大致是多少？

（2）如果已知被测梁振幅度为 0.2 mm，传感器是否一定要安装在最佳工作点？

（3）如果此传感器仅用来测量振动频率，工作点问题是否仍十分重要？

实验七 电涡流传感器的应用——电子秤的设计

一、实验目的

了解电涡流传感器在静态测量中的应用。

二、结构和原理

电涡流式传感器由平面线圈和金属涡流片组成,当线圈中通以高频交变电流后,与其平行的金属片上产生电涡流,电涡流的大小影响线圈的阻抗 Z,而涡流的大小与金属涡流片的电阻率、导磁率、厚度、温度以及线圈的距离 X 有关。当平面线圈、被测体(涡流片)、激励源已确定时,保持环境温度不变,阻抗 Z 只与距离 X 有关。将阻抗变化经涡流变换成电压 V 输出,则输出电压是距离 X 的单值函数(详见第三章实验九)。

三、实验内容

1. 实验所需单元及部件

电涡流传感器(是一个扁平线圈),涡流变换器,F/V 表,砝码,差动放大器,电桥,铁测片,主、副电源。

2. 实验步骤

(1) 按图 4-6 的电路接线。

(2) 调整传感器的位置,使其处于线性范围的始点距离附近处(与被测体之间的距离为线性始端处附近,目测)。

(3) 开启主、副电源,调整电桥单元上的电位器 W_1,使电压表为零。

(4) 在平台上放上砝码,读出表头指示值,填入表 4-8 中。

表 4-8 测量数据记录表

W/g				
V/V				

(5) 在平台上放一重物,记录电压表读数,根据实验数据作出 V-W 曲线,计算灵敏度及重物的重量。

3. 实验注意事项

砝码重物不得使位移超出线性范围。

四、思考题

该实验中差动放大器的增益范围如何确定?

实验八　霍尔传感器的应用——电子秤的设计

一、实验目的

了解霍尔式传感器在静态测量中的应用。

二、结构和原理

霍尔式传感器由两个环形磁钢组成梯度磁场和位于梯度磁场中的霍尔元件组成。当霍尔元件通过恒定电流时,霍尔元件在梯度磁场中上下移动时,输出的霍尔电势 V 取决于其在磁场中的位移量 X,所以测得霍尔电势的大小便可获知霍尔元件的静位移。

三、实验内容

1. 实验所需单元及部件

霍尔片,磁路系统,差动放大器,直流稳压电源,电桥,砝码,F/V 表(电压表),主、副电源,振动平台。

2. 实验步骤

(1)开启主、副电源将差动放大器调零,关闭主、副电源。

(2)调节测微头脱离平台并远离振动台。

(3)按图 4-7 接线,开启主、副电源,将系统调零。

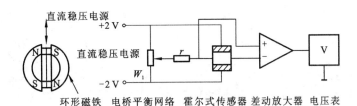

图 4-7　电子秤的测量电路图

(4)差动放大器增益调至最小位置,然后不再改变。

(5)在称重平台上放上砝码,将测量数据填入表 4-9 中。

表 4-9　测量数据记录表

W/g				
V/V				

(6)在平面上放一个未知重量的物体,记下表头读数。根据实验结果作出 V-W 曲线,求得未知重量。

3. 实验注意事项

（1）直流稳压电源置±2 V 挡。

（2）F/V 表置 2 V 挡。

（3）主、副电源关闭。

四、思考题

（1）霍尔传感器的线性范围较小，对砝码和重物的重量有何要求？

（2）砝码放置的位置不同，对测量结果是否有影响？

实验九 光敏电阻基本特性实验的设计

一、实验目的

了解光敏电阻的工作原理、结构和性能。

二、结构和原理

入射光子使物质的导电率发生变化的现象称为光电导效应。硫化镉（CdS）光敏电阻就是利用光电导效应的光电探测器的典型元件。根据制造方法，其光敏面大致可分为单结晶型、烧结型、真空镀膜型。其结构如图 4-8 所示，就是将 CdS 粉末烧结于陶瓷基片上，并在基片上做蛇形电极。通过这样的方法可增加电极和光敏面结合部分的长度，从而可以得到大电流。另外，其封装也有多种方法，可根据其可靠性和价格来进行分类。

三、实验内容

1. 实验所需单元及部件

光敏电阻、直流稳压电源、电桥平衡网络中的 W_1 电位器、F/V 表。

2. 实验步骤

（1）按图 4-9 接线。

图 4-8 光敏电阻结构图

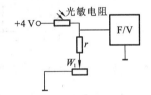

图 4-9 光敏电阻的测量电路

（2）将直流稳压电源 ±4 V 接入仪器顶部光敏类传感器盒 ±4 V 端口。

（3）将光强调节钮置小位，F/V 置 2 V 挡，调节 W_1 电位使 F/V 表示值最小。

（4）慢慢调节光强旋钮，发光二极管亮度增加，注意观察 F/V 表的数字变化。

（5）电位器每旋转约 20°记录一个数据，并将其填入表 4-10 中。

表 4-10 光敏电阻实验数据记录表

光强	1	2	3	4	5	6	7	8	9	10
输出										

（6）根据表格数据作出实验曲线。

3. 实验注意事项

因外界光对光敏元件也会产生影响，实验时应尽量避免外界光的干扰。

四、思考题

若光敏电阻的测量数据不稳，可能是什么原因造成的？

实验十　光电开关的转速测量设计

一、实验目的

了解光电式传感器(反射式)测量转速的原理与方法。

二、结构和原理

光电式传感器有反射型和直射型两种,本实验是装置反射型,传感器端部装有发光管和接收管,发光管发射的光在转盘上反射后被接收管接收转换成电信号,由于转盘上有黑白相间的两个间隔,转动时将获得与黑白间隔数有关的脉冲,将脉冲信号计数处理即可得到转速值。

三、实验内容

1. 实验所需单元及部件

光电传感器,直流电源,测速小电机,电机控制,主、副电源,示波器。

2. 实验步骤

(1) 按图 4-10 接线。

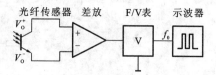

图 4-10　光电开关转速测量实验接线图

(2) 光电开关探头装至电机上方对准电机的反光纸,调节高度使传感器端面距离反光纸表面 2~3 mm,将传感器引线分别插入相应插孔,其中红色接入直流电源,黑色为接地端,蓝色接入数显表置 2k 挡。

(3) 将直流稳压电源置 10 V 挡,在电机控制单元的 V+ 处接入+10 V 电压,调节转速旋钮使电机运转。

(4) F/V 表置 2k 挡,用示波器观察 f_o 输出端的转速脉冲信号($V_{p-p}=4$ V)。

(5) 根据脉冲信号的频率及电机上反光片的数目换算出此时的电机转速。

(6) 实验完毕关闭主、副电源,拆除接线,把所有旋钮复原。

3. 实验注意事项

如示波器上观察不到脉冲波形,可调整探头与电机间的距离,同时检查一下示波器的输入衰减开关位置是否合适(建议使用不带衰减的探头)。

四、思考题

和传统的测速发电机测量电机转速相比,采用光电开关测量电机转速的优点是什么?

实验十一 力平衡式传感器的设计

一、实验目的

掌握利用多种传感器和电路单元测试系统的原理。

二、结构和原理

图 4-11 是一个带有反馈的闭环系统传感器,它与一般传感器的区别在于它有一个反向传感器的反馈回路,把系统的输出信号反馈到系统输入进行比较和平衡。由于此系统中所用的传感器主要是力或力矩平衡的方式,所以称为力平衡传感器。力平衡传感器主要用于能将测量转换成敏感元件的微小位移的场合,如力、压力、加速度、振动等。

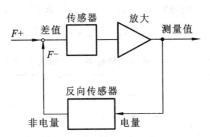

图 4-11 带有反馈的闭环系统传感器

三、实验内容

1. 实验所需单元及部件

电涡流传感器,涡流变换器,电桥,稳压电源,差动放大器,低频振荡器(作为电流放大器用),激振Ⅱ线圈,电压表,测微头。

2. 实验步骤

(1) 按图 4-12 接线。

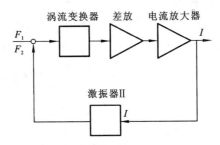

图 4-12 力平衡式传感器实验接线图

(2) 按图 4-13 安装和调试好电涡流传感器,使差动放大器输出为零。差动放大器还是作为电平移动单元使用。差动放大器输出用所提供的 3.5 mm 插头的实验芯线接出,3.5 mm 插头插入低频振荡器 Vi 插座,另一头连接屏蔽层的插头接地。电流放大器的输出端即低频振荡器的输出端 V。分别接电压表的激振线圈的一端,激振线圈另一端接地。

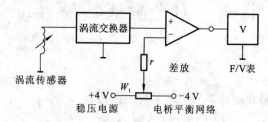

图 4-13　电涡流传感器输出调零电路

(3)确认接线无误后开启电源,如果发现振动平台偏向一边或进行正反馈振荡,则将激振两线端接线对换,使其形成负反馈。

(4)用手提压振动台,如果系统输出电压能正负两方向过零变化,则说明系统接线正确,此时可装上测微头带动振动台进行测试实验。

(5)调节系统(电桥、测微头)使输出为零且正负变化对称。分别向上、向下各移动 1.5 mm,每隔 0.2 mm 记录一数据并填入表 4-11,作出 V-X 曲线,求出灵敏度和线性度。

表 4-11　力平衡式传感器实验数据记录表

X/mm					0						
V/V											

(6)将力平衡式传感器与前述几种传感器作性能比较。

3. 实验注意事项

(1)差动放大器不能和激振器直接连接,因为差动放大器无电流放大作用。

(2)实验后 Φ3.5 mm 的插头应及时拔出低频振荡器的 Vi 插座,如 Φ3.5 mm 拔出后低频振荡器 V。端无输出,则可能是 Φ3.5 mm 的插座中的静合接点分开,可松开面板固定螺丝,调整这对静合接点,使之接触良好。

四、思考题

相较于开环系统而言,采用闭环系统进行测量的优点有哪些?

第五章　趣味性实验项目

实验一　移相器实验

一、实验目的

了解运算放大器构成的移相电路及其工作原理和情况。

二、结构和原理

图 5-1 为移相电路示意图，由移相器原理图可求得该电路的闭环增益 $G(S)$

$$G(S) = \frac{1}{R_1 R_4} \left(\frac{R_4 + R_5}{W_2 C_2 S + 1} - R_5 \right) \left(\frac{W_1 C_1 S (R_2 + R_1)}{W_1 C_1 S + 1} - R_2 \right)$$

则

$$G(j\omega) = \frac{1}{R_1 R_4} \left(\frac{R_4 + R_5}{j W_2 C_2 \omega + 1} - R_5 \right) \left[\frac{j W_1 C_1 \omega (R_1 + R_2)}{j W_2 C_2 \omega + 1} - R_2 \right]$$

$$G(j\omega) = \frac{(1 - \omega^2 C_2^2 W_2^2)(W_1^2 C_1^2 \omega^2 - 1) + 4\omega^2 C_1 C_1 C_2 W_1 W_2}{(1 + \omega^2 C_2^2 W_2^2)(1 + W_1^2 C_1^2 \omega^2)}$$

当 $R_1 = R_2 = W_1 = R_4 = R_4 = 10 \ \text{k}\Omega$ 时有

$$|G(j\omega)| = 1, \quad \tan\psi = \frac{2 \left(\dfrac{1 - \omega^2 W_1 C_1 C_2 W_2}{\omega C_2 W_2 + \omega C_1 W_1} \right)}{1 - \left(\dfrac{\omega^2 C_1 C_2 W_1 W_2 - 1}{W_1 C_1 \omega + C_2 W_2 \omega} \right)^2}$$

由正切三角函数半角公式

$$\tan\psi = \frac{2 \tan \dfrac{\psi}{2}}{1 - \tan^2 \dfrac{\psi}{2}}$$

可得

$$\tan \frac{\psi}{2} = \frac{1 - \omega^2 W_1 C_1 C_2 W_2}{\omega C_2 W_2 + \omega C_1 W_1}$$

即

$$\psi = 2 \arctan \left(\frac{1 - \omega^2 W_1 C_1 C_2 W_2}{\omega C_2 W_2 + \omega C_1 W_1} \right)$$

由上式可以看出，调节电位器 W_2 将产生相应的相位变化。

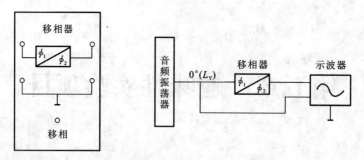

图 5-1 移相器的位置及电路原理图

三、实验内容

1. 实验所需单元及部件

移相器，音频振荡器，双线（双踪）示波器，主、副电源。

2. 实验步骤

（1）了解移相器在实验仪上的所在位置及其电路原理（见图 5-1，电路原理见附录）。

（2）将音频振荡器的信号引入移相器的输入端（音频信号从 0°、180°插口输出均可），开启主、副电源。

（3）将示波器的两根线分别接到移相器的输入端和输出端，调整示波器，观察示波器的波形。

（4）调节移相器上的电位器，观察两个波形间相位的变化。

（5）改变音频振荡器的频率，观察不同频率的最大移相范围。

3. 实验注意事项

（1）本仪器中音频信号由函数发生器产生，所以通过移相器后波形局部有些畸变，这不是仪器故障。

（2）正确选择示波器中的触发形式，以保证双踪示波器能显示波形的变化。

四、思考题

（1）根据电路原理图分析本移相器的工作原理，并解释所观察到的现象。

（2）如果将双踪示波器改为单踪示波器，两路信号分别从 Y 轴和 X 轴送入，根据李沙育图形是否可完成此实验？

实验二　相敏检波器实验

一、实验目的

了解相敏检波器的工作原理和情况。

二、结构和原理

相敏检波器电路如图 5-2(及所附原理图)所示,图中①为输入信号端,②为交流参考电压输入端,③为输出端,⑤为直流参考电压输入端。

当②⑤端输入控制电压信号时,通过开环放大器的作用场效应晶体管处于开关状态。从而把①输入的正弦信号转换成半波整流信号。

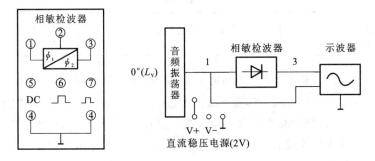

图 5-2　相敏检波器的位置及电路原理图

三、实验内容

1. 实验所需单元及部件

相敏检波器,移相器,音频振荡器,双踪示波器,直流稳压电源,低通滤波器,F/V 表,主、副电源。

2. 实验步骤

(1)了解相敏检波器和低通滤波器在实验仪面板上的表示符号。

(2)根据图 5-2 的电路接线,将音频振荡器的信号 0°输出端输出至相敏检波器输入端①,把直流稳压电源＋2 V 输出接至相敏检波器的参考输入端⑤,把示波器两根输入线分别接至相敏检波器的输入端①和输出端③组成一个测量线路。

(3)调整好示波器,开启主、副电源,调整音频振荡器的幅度旋钮,示波器输出电压为峰峰值 4 V,观察输入和输出波形的相位和幅度值关系。

(4)改变参考电压的极性,观察输入和输出波形的相位和幅值关系。由此可得出结论,当参考电压为正时,输入和输出同相;当参考电压为负时,输入和输出相反。

(5)关闭主、副电源,根据图 5-3 重新接线,将音频振荡器的信号从 0°输出至相敏检波器的输入端①,并同时按相敏检波器的参考输入端②,把示波器的两根输入线分别接至相敏检波器的输入端①和输出端③,将相敏检波器输出端③同时与低通滤波器的输入端连接起来,将低通滤波器的输出端与直流电压表连接起来,组成一个测量线路(此时,F/V表置于 20 V 挡)。

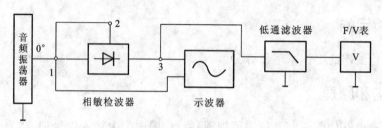

图 5-3　相敏检波器测量电路图

(6) 开启主、副电源,调整音频振荡器的输出幅度,同时记录电压表的读数,填入表5-1 中。

表 5-1　测量数据记录表

$V_{i(p-p)}/V$	0.5	1	2	3	4	8	16
V_0/V							

(7) 关闭主、副电源,根据图 5-4 的电路重新接线,将音频振荡器的信号从 0°端输出至相敏检波器的输入端①,将从 180°输出端输出接至移相器的输入端,把移相器输出端接至相敏检波器的参考输入端②,把示波器的两根输入线分别接至相敏检波器的输入端①和输出端③,同时与低通滤波器输入端连接起来,将低通滤波器输出端与直流电压表连接起来,组成一测量线路。

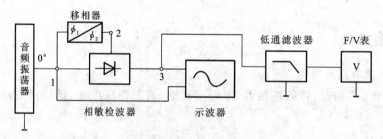

图 5-4　相敏检波器的测量电路图

(8) 开启主、副电源,转动移相器上的移相电位器,观察示波器的显示波形及电压表的读数,使得输出最大。

(9) 调整音频振荡器的输出幅度,同时记录电压表的读数,填入表 5-2 中。

表 5-2　相敏检波器的测量数据记录表

$V_{i(p-p)}/V$	0.5	1	2	3	4	8	16
V_0/V							

3. 实验注意事项

在完成步骤(5)后,将示波器两根输入线分别接至相敏检波器的输入端①和附加观察端⑥和⑦,观察相敏检波器中的整形电路。

四、思考题

(1) 根据实验结果,相敏检波器的作用是什么? 移相器在实验线路中的作用(参考端输入波形相位的作用)是什么?

(2) 当相敏检波器的输入与开关信号同相时,输出是什么极性的什么波? 电压表的读数是什么极性的最大值?

实验三　差动变压器(互感式)零点残余电压的补偿

一、实验目的

了解如何用适当的网络线路对残余电压进行补偿。

二、结构和原理

零残电压中主要包含以下两种波形成分。

(1)基波分量。这是由于差动变压器两个次级绕组因材料或工艺差异造成等效电路参数(M、L、R)不同,线圈中的铜损电阻及导磁材料的铁损,线圈中线间电容的存在,都使得激励电流所产生的磁通不同相。

(2)高次谐波。主要是由导磁材料化曲线非线性引起的,由于磁滞损耗和铁磁饱和的影响,激励电流与磁通波形不一致,产生了非正弦波(主要是三次谐波)磁通,从而在二次绕组中感应出非正弦波的电动势。

减少零残电压的办法有:①从设计和工艺制作上尽量保证线路和磁路的对称;②采用相敏检波电路;③选用补偿电路。

三、实验内容

1. 实验所需单元及部件

音频振荡器,测微头,电桥,差动变压器,差动放大器,双踪示波器,振动平台,主、副电源。

2. 实验步骤

(1)按图 5-5 接线,音频振荡必须从 L_V 插口输出,W_1、W_2、C、r 为电桥单元中调平衡网络。

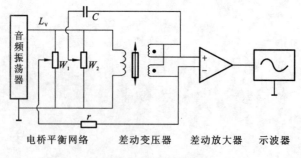

图 5-5　电路接线图

(2)开启主、副电源,利用示波器调整音频振荡器幅度钮使示波器一通道显示出 2 V 的峰峰值,调节音频振荡器频率使示波器二通道波形不失真。

(3)调整测微头使差动放大器输出电压最小。

(4)依次调整 W_1、W_2 使输出电压进一步减小,必要时重新调节测微头,尽量使输出电压最小。

（5）将二通道的灵敏度提高，观察零点残余电压的波形，与激励电压波形相比较。经过补偿后的残余电压波形为＿＿＿＿＿＿＿＿波形，这说明波形中有＿＿＿＿＿＿分量。

（6）将经过补偿的残余电压与第三章实验七未经补偿的残余电压相比较。

（7）实验完毕后，关闭主、副电源。

3. 实验注意事项

（1）由于该补偿线路要求差动变压器的输出必须悬浮，所以次级输出波形难以用一般示波器来看，要用差动放大器使双端输出转换为单端输出。

（2）音频信号必须从 L_v 端插口引出。

四、思考题

本实验能否把电桥平衡网络搬到次级线圈上进行零点残余电压补偿？

实验四　差动变压器(互感式)的标定

一、实验目的

了解差动变压器测量系统的组成和标定方法。

二、结构和原理

参见第三章实验七差动变压器(互感式)的性能实验的结构和原理部分。

三、实验内容

1. 实验所需单元及部件

音频振荡器,差动放大器,差动变压器,移相器,相敏检波器,低通滤波器,测微头,电桥,F/V 表,示波器,主、副电源。

2. 实验步骤

(1) 按图 5-6 接好线路。

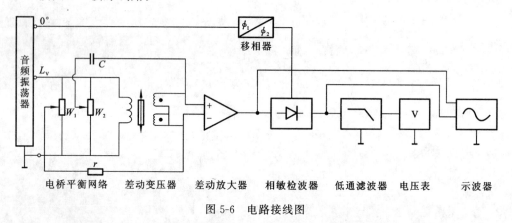

图 5-6　电路接线图

(2) 装上测微头,上下调整使差动变压器铁芯处于线圈中段位置。

(3) 开启主、副电源,利用示波器调整音频振荡器幅度旋钮,使激励电压峰峰值为 2 V。

(4) 利用示波器和电压表调整各调零及平衡电位器,使电压表指示为零。

(5) 给梁一个较大的位移,调整移相器使电压表指数最大,同时可用示波器观察相敏检波器的输出波形。

(6) 旋转测微头,每隔 0.1 mm 读数并记录实验数据,填入表 5-3,作出 V-X 曲线,并求出灵敏度。

表 5-3　差动变压器的测量数据记录表

X/mm				
V/mV				

3．实验注意事项

（1）由于该补偿线路要求差动变压器的输出必须悬浮，所以次级输出波形难以用一般示波器来看，要用差动放大器使双端输出转换为单端输出。

（2）音频信号必须从 L_V 端插口引出。

四、思考题

简述差动变压器的工作原理。

实验五　电涡流式传感器的静态标定

一、实验目的

了解电涡流式传感器的工作原理及性能。

二、结构和原理

电涡流式传感器由平面线圈和金属涡流片组成,当线圈中通以高频交变电流后,与其平行的金属片上产生电涡流,电涡流的大小影响线圈的阻抗 Z,而涡流的大小与金属涡流片的电阻率、导磁率、厚度、温度以及线圈的距离 X 有关。当平面线圈、被测体(涡流片)、激励源已确定时,保持环境温度不变,阻抗 Z 只与距离 X 有关。将阻抗变化经涡流变换成电压 V 输出,则输出电压是距离 X 的单值函数。

三、实验内容

1. 实验所需单元及部件

涡流变换器,F/V 表,测微头,铁测片,涡流传感器,示波器,振动平台,主、副电源。

2. 实验步骤

(1)装好传感器(传感器对准铁测片安装)和测微头。

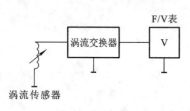

图 5-7　电涡流式传感器测量电路图

(2)观察传感器的结构,它是一个扁平线圈。

(3)用导线将传感器接入涡流变换器输入端,将输出端接至 F/V 表,电压表置于 20 V 挡,见图 5-7,开启主、副电源。

(4)用示波器观察涡流变换器输入端的波形,如果发现没有振荡波形出现,则将传感器远离被测体。

可见,波形为＿＿＿＿＿＿＿＿波形,示波器的时基为＿＿＿＿＿＿＿＿μs/cm,故振荡频率约为＿＿＿＿＿＿。

(5)调节传感器的高度,使其与被测铁片接触,从此开始读数,记下示波器及电压表的数值,填入表 5-4 中。

建议每隔 0.10 mm 读数,到线性严重变坏为止。根据实验数据在坐标纸上画出 V-X 曲线,指出大致的线性范围,求出系统灵敏度(最好能用误差理论的方法求出线性范围内的线性度、灵敏度)。可见,涡流传感器最大的特点是＿＿＿＿＿＿＿＿,传感器与被测体间有一个最佳初始工作点。这里采用的变换电路是一种＿＿＿＿＿＿＿＿。实验完毕关闭主、副电源。

表 5-4　电涡流传感器实验数据记录表

X/mm							
$V_{\text{p-p}}$/V							
V/mV							

3. 实验注意事项

被测体与电涡流式传感器测试探头平面尽量平行,并将探头尽量对准被测体中间,以减少涡流损失。

四、思考题

影响电涡流式传感器线性度的主要因素是什么? 可以如何加以改善?

实验六　PN 结温度传感器测温实验

一、实验目的

了解二极管和三极管中 PN 结的温度特性。

二、结构和原理

晶体二极管或三极管的 PN 结电压是随温度变化的。例如,硅管的 PN 结的结电压在温度每升高 1 ℃时,下降约 2.1 mV,利用这种特性可做成各种各样的 PN 结温度传感器,它具有线性好、时间常数小(0.2～2 s)、灵敏度高等优点,测温范围为－50～＋150 ℃,其不足之处是离散性大,互换性较差。

三、实验内容

1. 实验所需单元及部件

主、副电源,可调直流稳压电源,－15 V 稳压电源,差动放大器,电压放大器,F/V 表,加热器,电桥,水银温度计(自备)。

2. 实验步骤

(1) 了解 PN 结、加热器、电桥在实验仪上的所在位置及它们的符号。

(2) 观察 PN 结传感器结构,用数字万用表"二极管"挡测量 PN 结正反向的结电压,得出其结果。

(3) 把直流稳压电源 V＋插口用所配的专用电阻线(51 kΩ)与 PN 结传感器的正向端相连,并按图 5-8 接好放大电路,注意各旋钮的初始位置,电压表置 2 V 挡。

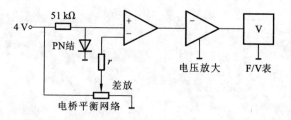

图 5-8　PN 结温度测试实验接线图

(4) 开启主、副电源,调节 W_1 电位器使电压表指示为零,同时记下此时水银温度计的室温值(Δt)。

(5) －15 V 接入加热器(－15 V 在低频振荡器右下角),观察电压表读数的变化,因 PN 结温度传感器的温度变化灵敏度约为－2.1 mV/℃。随着温度的升高,其 PN 结电压将下降 ΔV,该 ΔV 电压经差动放大器隔离传递(增益为 1)至电压放大器放大 4.5 倍,此时的系统灵敏度 $S \approx 10$ mV/℃。待电压表读数稳定后,即可利用这一结果将电压值转换成温度值,从而演示出加热器在 PN 结温度传感器处产生的温度值（ΔT），此时该点的温度为 $\Delta T + \Delta t$。

3. 实验注意事项

（1）该实验仅作为一个演示性实验。

（2）加热器不要长时间接入电源，此实验完成后应立即将 -15 V 电源拆去，以免影响梁上的应变片性能。

四、思考题

（1）分析该测温电路的误差来源。

（2）如要将其作为一个 $0 \sim 100\ ^\circ\text{C}$ 的较理想的测温电路，你认为还必须具备哪些条件？

实验七　热敏电阻实验

一、实验目的

了解 NTC 热敏电阻现象。

二、结构和原理

热敏电阻的温度系数有正有负,因此分成两类:PTC(正温度系数)热敏电阻与 NTC(负温度系数)热敏电阻。一般 NTC 热敏电阻测量范围较宽,主要用于温度测量;而 PTC 突变型热敏电阻的温度范围较窄,一般用于恒温加热控制或温度开关,也用于彩电中的自动消磁元件,有些功率 PTC 也作为发热元件用。PTC 缓变型热敏电阻可用温度补偿或作温度测量。

一般的 NTC 热敏电阻测温范围为 $-50 \sim +300\ ℃$。热敏电阻具有体积小、重量轻、热惯性小、工作寿命长、价格便宜,并且本身阻值大,不需考虑引线长度带来的误差,适用于远距离传输等优点。但热敏电阻也有非线性大、稳定性差、有老化现象、误差较大、一致性差等缺点,一般只适用于低精度的温度测量。

三、实验内容

1. 实验所需单元及部件

加热器,热敏电阻,可调直流稳压电源,$-15\ V$ 稳压电源,F/V 表,主、副电源。

2. 实验步骤

(1)了解热敏电阻在实验仪上的所在位置及符号,它是一个蓝色或棕色元件,封装在双平行振动梁上片梁的表面。

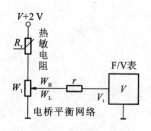

图 5-9　热敏电阻的接线图

(2)按照图 5-9 接线,开启主、副电源,调整 W_1(RD)电位器,使 F/V 表指示为 $100\ mV$ 左右,这时为室温时的 Vi。

(3)将 $-15\ V$ 电源接入加热器,观察电压表的读数变化和电压表的输入电压。

由此可见,当温度_____时,RT 阻值_____,Vi _____。

3. 实验注意事项

(1)将 F/V 表切换开关置 $2\ V$ 挡。

(2)直流稳压电源切换开关置 $\pm 2\ V$ 挡。

四、思考题

如果你手上有一个实验台上的热敏电阻,想把它作为一个 $0 \sim 50\ ℃$ 的温度测量电路,你认为该怎样实现?

实验八　硅光电池实验

一、实验目的

了解硅光电池的原理、结构和性能。

二、结构和原理

在光照作用下,由于元件内部产生的势垒作用,在结合部使光激发的电子、空穴分离,电子与空穴分别向相反方向移动而产生电势的现象称为光伏效应。硅光电池就是利用这一效应制成的光电探测器件。

三、实验内容

1. 实验所需单元及部件

硅光电池、直流稳压电源、数字电压表。

2. 实验步骤

(1) 按图 5-10 接线。

(2) 电压表置 2 V 挡,直流稳压电源置±4 V 挡。

(3) 将+4 V 电压接入仪器顶部光敏类传感器盒+4 V端口。

(4) 将光强调节旋钮调至最小,记录下此时电压表的读数,这是外界自然光对硅光电池的影响。

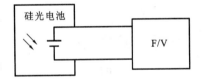

图 5-10　硅光电池测量电路图

(5) 慢慢调节光强旋钮,发光二极管亮度增加,注意观察电压表的数字变化。

(6) 电位器每旋转 20°记录一个数据。

表 5-5　硅光电池实验数据记录表

光强	1	2	3	4	5	6	7	8	9	10
输出										

(7) 根据数据表格,作出实验曲线。

3. 实验注意事项

放大器的增益应适当,测量数据不能过小,也不能使放大器饱和。

四、思考题

硅光电池的线性度如何? 如何从物理学的角度解释非线性的产生?

实验九　湿敏电阻实验

一、实验目的

了解湿敏传感器的原理与应用。

二、结构和原理

湿敏膜是高分子电解质,其电阻值的对数与相对湿度是近似线性关系,在电路中用字母RH表示。

测量范围:10%～95%。

阻值:几千欧～几兆欧。

响应时间:汲湿,脱湿小于10 s。

工作温度:0～50 ℃。

温度系数:0.5RH%/℃。

工作精度:3%。

寿命:一年以上。

传感器尺寸:4×6×0.5 mm³。

电源:AC:1 kHz,2～3 V或DC 2 V。

三、实验内容

1. 实验所需单元及部件

电压放大器,F/V表,电桥,RH湿敏电阻,直流稳压电源,主、副电源。

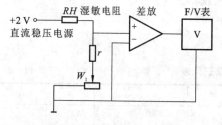

图 5-11　湿敏电阻测量电路图

2. 实验步骤

(1) 观察湿敏电阻结构,它是在一块特殊的绝缘基底上浅射了一层高分子薄膜而形成的,按图5-11接线。

(2) 取两种不同潮湿度的海绵或其他易吸潮的材料,分别轻轻地与传感器接触,观察电压表数字变化,此时电压表指示_____,也就是RH阻值变_____,说明RH检测到了温度的变化,而且随着湿度的不同阻值变化也不一样。注意取湿材料不要太湿,有点潮就可以了,否则会产生湿度饱和现象,延长脱湿时间。

3. 实验注意事项

(1) 直流稳压电源置±2 V挡、F/V表置2 V挡。

(2) RH的通电稳定时间、脱湿时间与环境的湿度、温度有关。

四、思考题

将湿敏元件长期暴露在待测环境中会产生什么影响?

实验十　热释电传感器实验

一、实验目的

了解热释电传感器的原理与应用。

二、结构和原理

热释电传感器是利用热电效应的热电型红外传感器。所谓电效应就是随温度变化生产电荷的现象。热释电传感器在温度没有变化时不产生信号,称为积分型传感器,多用于人体红外辐射温度检测。

热释电传感器的输出是电荷,这并不能使用,要附加电阻,用电压形式输出。但因电阻值非常大(1～100 GΩ)要用场效应晶体管进行阻抗变换。该传感器内部已进行阻抗变换。

三、实验内容

1. 实验所需单元及部件

热释电传感器,差动放大器,直流稳压电源,数字电压表,示波器。

2. 实验步骤

(1) 按图 5-12 接线。观察传感器的圆形感应端面,中间黑色小方孔是滤色片,内装有敏感元件及阻抗变换电路。

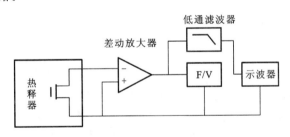

图 5-12　热释电传感器的测量电路

(2) 直流稳压电源置 4 V 挡,将 4 V 电压引入仪器顶部光电类传感器盒 4 V 端口,差动放大器增益适中。

(3) 开启主、副电源,周围人体尽量不要晃动,调整差动放大器零位,使输出指示最小,并调整好示波器(Y 为 0.1 V/div;X 为 0.1 s/div)

(4) 观察现象(一):用手掌在距离约 10 mm 处晃动,注意数显表及示波器的波形变化,停止晃动后重新观察数显表及示波器的波形变化。

(5) 观察现象(二):用手掌靠近传感器晃动,注意数显表及示波器的波形变化。

(6) 通过步骤(4)和步骤(5)可得出如图 5-13 所示波形。

(7) 通过实验验证热释电传感器的三个工作特性:只检测温度的变化;当温度不变时无输出;温度越高(变化)输出越大。

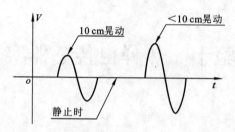

图 5-13　热释电传感器的输出波形图

3. 实验注意事项

因传感器灵敏度较高,对周围较远的红外辐射也能接受,数字表有些跳动是正常现象,所以实验时最好不要有人走动。

四、思考题

热释电传感器在外界温度变化的时候其内部发生了怎样的物理变化?

实验十一 气敏传感器实验

一、实验目的

了解气敏传感器(MQ3)的原理与应用。

二、结构和原理

1. 气敏传感器的原理

在工业生产和日常生活中,为了确保生产和生命的安全,人们普遍使用气敏元件来进行各种气体的检测。本实验中以 MQ3 酒精传感器来检测酒精的浓度,其原理是当传感器表面吸附有被测酒精气体时,其接触界面的导体电子会成比例地发生变化,从而使气敏元件的电阻随气体浓度变化,这种反应是可逆的,因此可重复使用。为使反应速度加快,通常需对气敏元件进行加热。

2. 特点

(1) MQ3 具有很高的灵敏度和良好的选择性。

(2) MQ3 具有长期的使用寿命和可靠的稳定性。

3. 结构、外形、元件符合

(1) MQ 系列气敏元件的结构和外形如图 5-14 所示,由微型 AL203 陶瓷管、SN02 敏感层、测量电极和加热器构成的敏感元件固定在塑料或不锈钢网的腔体内,加热器为气敏元件提供了必要的工作条件。

(2) 好的气敏元件有 6 个针状引脚,其中 4 个引脚用于信号取出,2 个引脚用于提供加热电流。

4. 性能

(1) 标准回路如图 5-15 所示,MQ 气敏元件的标准测试回路由两部分组成,一部分为加热回路,另一部分为信号输出回路,它可以准确反映传感器表面电阻的变化。

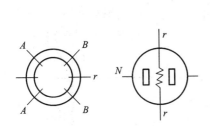

图5-14 气敏传感器的外形和结构图

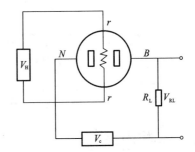

图5-15 气敏元件的标准测试回路

(2) 传感器的表面电阻 R_s 的变化是通过与其串联的负载电阻 R_L 上的有效电压信号 V_{rl} 输出而获得的,二者之间的关系表述为 $R_S/R_L = (V_C - V_{RL})/V_{RL}$。

(3) 气敏传感器标准工作条件如表 5-6 所示。

表 5-6　气敏传感器标准工作条件

符号	参数名称	技术条件	备注
V_C	回路电压	10 V	AC/DC
V_H	加热电压	5 V	AC/DC
R_L	负载电阻	可调	0.5～200 kΩ
R_H	加热器电阻	33 Ω±5%	室温
P_H	加热功耗	<800 mW	

（4）气敏传感器工作环境条件如表 5-7 所示。

表 5-7　气敏传感器的工作环境条件

符号	参数名称	技术条件	备注
Tao	使用温度	−20～50 ℃	
Tas	储存温度	−20～70 ℃	推荐使用范围
RH	相对温度	小于 95%RH	
O_2	氧气浓度	21%（标准条件）氧气浓度会影响灵敏度	最小值大于 2%

（5）气敏传感器灵敏度特性如表 5-8 所示。

表 5-8　气敏传感器的灵敏度特性

符号	参数名称	技术条件		探测浓度范围/ppm	适用气体
R_s	敏感体电阻	10～1 000 kΩ（洁净空气中）	MQ2	300～1 000 I-C_4H_{10}	丁烷、丙烷、烟雾、氯气液化石油气
A	浓斜率度	≤0.65	MQ3	50～2 000 C_2H_5OH	酒精
标准测试条件	温度:(20±2)℃　V_c:(10±0.1)V 湿度:65%±5%　V_H:(5±0.1)V		MQ4	1 000～20 000 CH_4	甲烷、天然气
			MQ5	800～5 000 H_2	氢气、煤气
预热时间	大于 24 h		MQ6	300～10 000 LPG	液化石油气
			MQ7	30～1 000 CO	一氧化碳、氢气

三、实验内容

1. 实验所需单元及部件

直流稳压电源，差动放大器，电桥，F/V 表，MQ3，主、副电源。

2. 实验步骤

（1）仔细阅读附录三，差动放大器的输入端（＋、－）与地短接，开启主、副电源，将差动放大器输出调零。

（2）关闭主、副电源，按图 5-16 接线。

（3）开启主、副电源，预热约 5 min，用浸有酒精的棉球靠近传感器，轻轻吹气使酒精挥发并尽入传感器金属网内，同时观察电压表的数值变化，此时电压读数＿＿＿＿＿＿＿，它反映了传感器 A、B 两端间的电阻随着＿＿＿＿＿＿＿发生了变化，说明 MQ3 检测到了酒精气体的存在，如果电压表变化不够明显，可适当调大差动放大器增益。

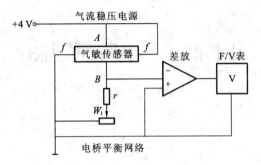

图 5-16　气敏传感器的测量电路图

3．实验注意事项

（1）直流稳压电源置±4 V 挡、F/V 表置 2 V 挡。

（2）差动放大器增益置最小。

（3）电桥单元中的 W_1 逆时针旋到底，主、副电源关闭。

四、思考题

如果需做成一个酒精气体报警器，还需要采取哪些手段？

附 录

附录一　电路原理图

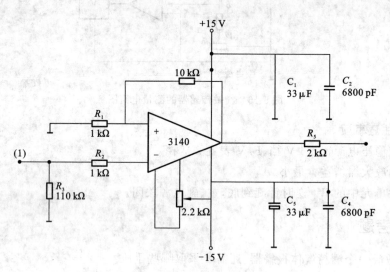

附图 1-1　电压放大器

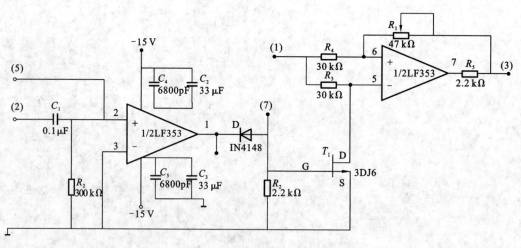

附图 1-2　相敏检波器

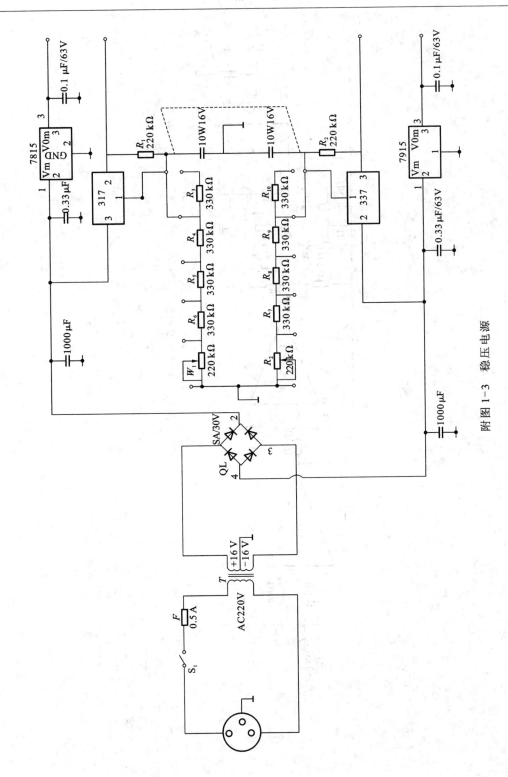

附图 1-3　稳压电源

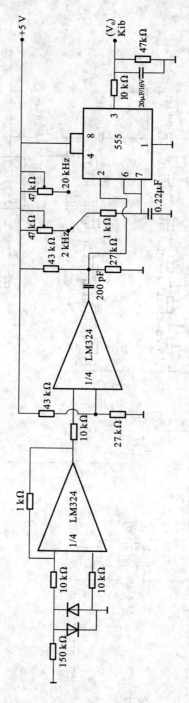

附图 1-4　F/V 变换器

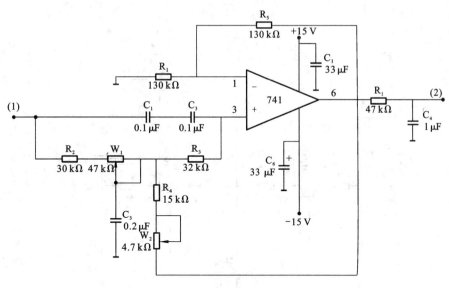

附图 1-5　低通滤波器

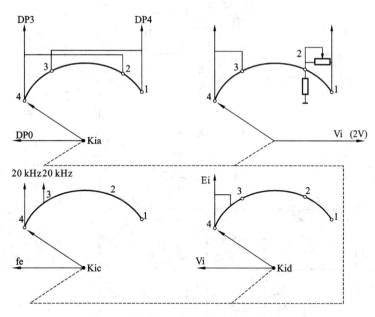

附图 1-6　F/V 变换开关

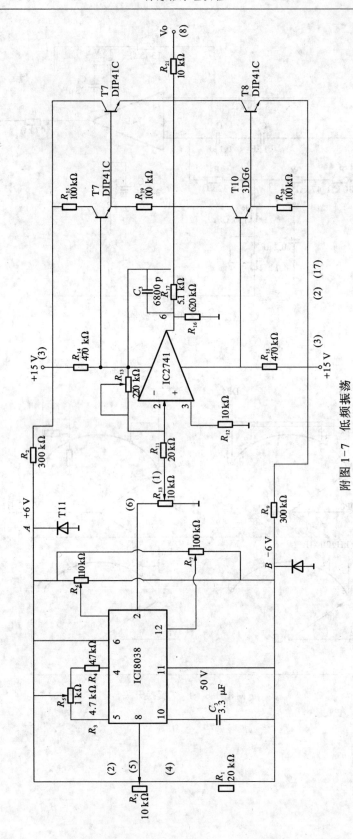

附图 1-7　低频振荡

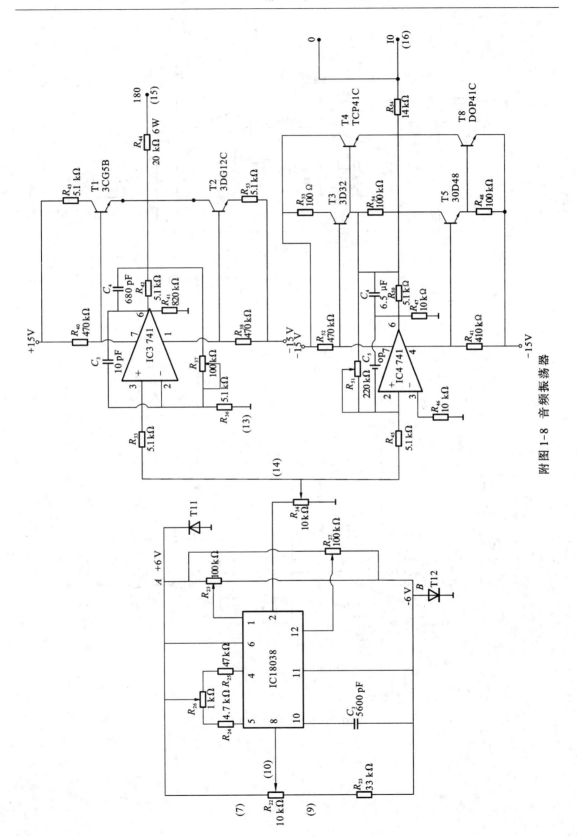

附图 1-8　音频振荡器

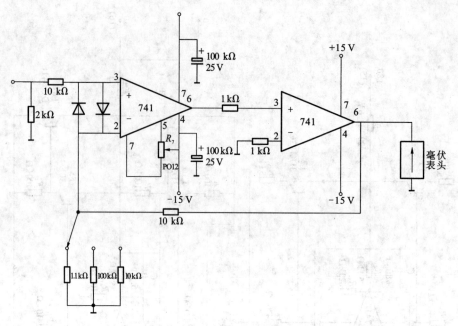

附图 1-9　毫伏表

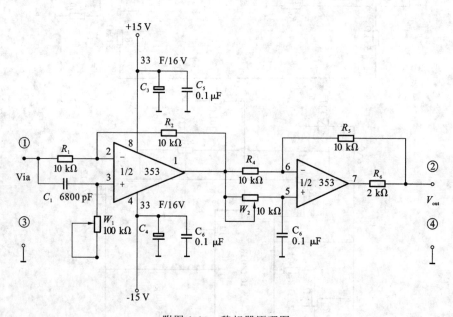

附图 1-10　移相器原理图

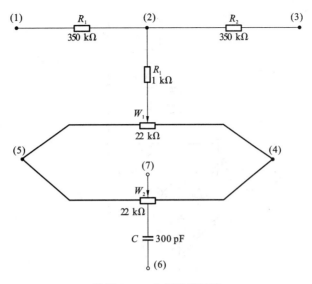

附图 1-11　电桥平衡网络

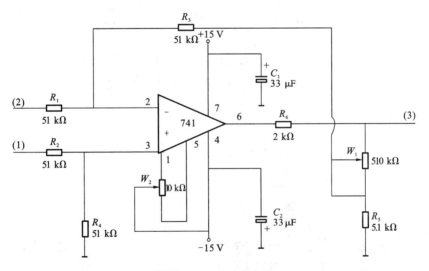

附图 1-12　差动放大器

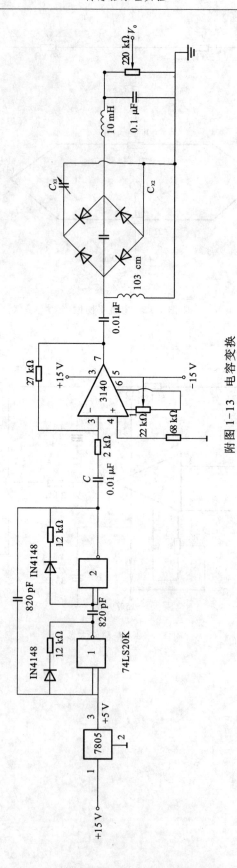

附图 1-13　电容变换

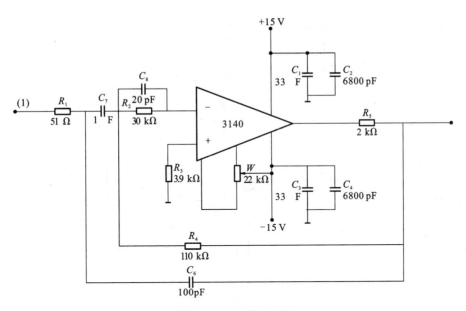

附图 1-14　电荷放大器

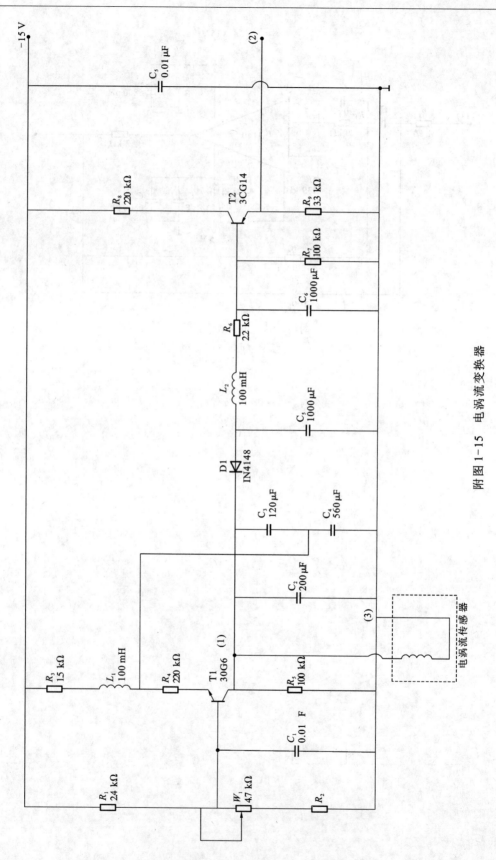

附图 1-15　电涡流变换器

附录二　传感器安装示意图

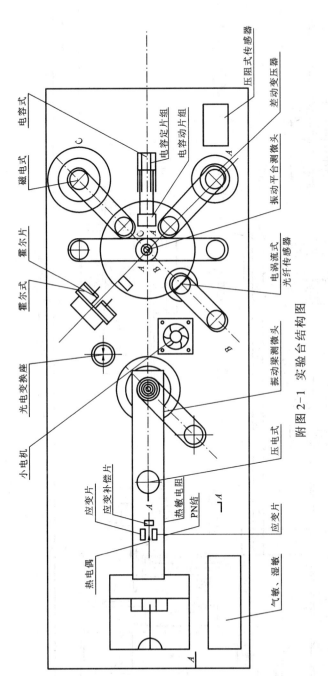

附图 2-1　实验台结构图

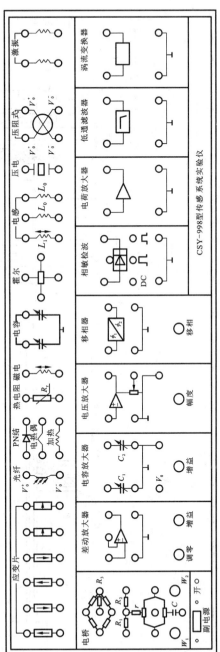

附图 2-2　接线面板结构图

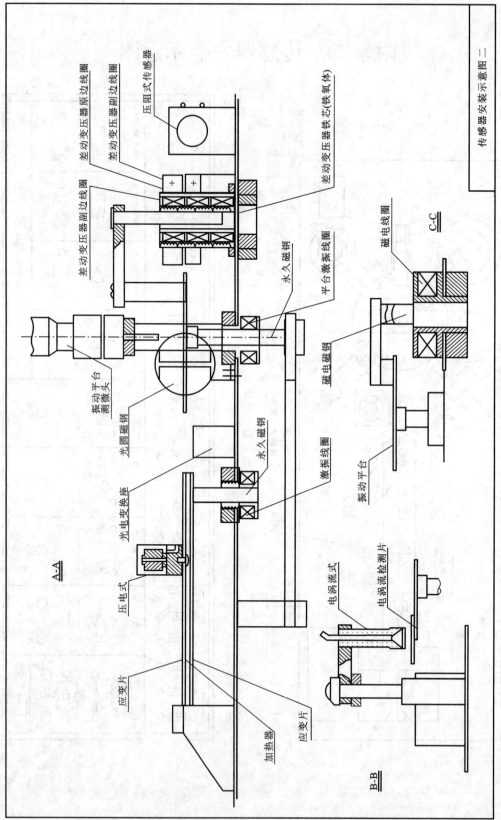

附图 2-3　传感器安装示意图

附录三　微机数据采集系统软件使用说明

一、系统概述

1. 配套实验仪器

与本软件配套使用的实验仪是杭州赛特传感技术有限公司生产的传感器实验仪,该类实验仪、试验台或模块部分设有应变式、电容式、电涡流式、差动螺管电感式、霍尔式、压电式、磁电式、热电偶、热电阻、光纤、光电等各类传感器,并提供电桥、差动放大器、相敏检测器、移相器、电荷放大器、光电转换器等测量电路,能做几十种传感器及相关实验。实验仪内置嵌入式小系统,具有实时采样和数据通信功能,其微处理器为89C51单片机,A/D芯片为AD574,模拟量输入信号最大值为10 V。

2. 微机

硬件要求机器的CPU速度在奔腾100以上,16 MB以上内存,显示器分辨率最好是800×600像素,软件操作系统为Windows 9X。

3. 主要功能

(1) 软件为用户提供了灵活多样的可选操作界面,实验内容可以根据需要由用户进行选择。实验方式有4种可设置,分别是动态采样、单步输入、双向单步、定时采样。采样速率8挡可选,采样点数可以根据实验需要在1～99点范围内选择。单位格 X 值根据用户需要可以在1～10范围内变化。X 量纲可根据所做的实验由用户设定。

(2) 在动态采样的时候,提供了双踪功能,便于用户对波形进行比较。

(3) 可以根据需要调整 Y 轴上限电压,当采样信号越界时会自动调整到合适量程。

(4) 通信设置可以设置端口号和端口波特率,设置完成之后,软件会自动测试,如果端口号和端口波特率正确,则会自动将数据保存到当前工作目录下的配置文件 GLcfg.ini 中,下次程序启动后会自动识别。另外,在实时采样时,软件还有通信监控功能,当计算机和实验仪器通信失败后,程序会自动报警,提醒用户检测通信口。

(5) 数据文件存取功能。在文件菜单中实现数据文件的打开、保存、另存为操作。文件默认保存在当前可执行程序的目录下的 GLdb.dat 中。当然也可以用另存为方式保存到其他地方。数据文件的格式是特定的,当文件被打开后,程序会自动识别文件中的数据的采样点数、采样速度、实验设置、实验名称、单位 X 值、X 量纲等,并自动画出实验曲线。

(6) 实验数据管理功能。对于用户而言,登录后每做完一次成功的实验,先将数据保存到数据文件,然后打印输出实验报告,并且能在实验数据库中生成一条实验记录。对于管理者而言,可对实验数据库中的记录进行添加、删除、查询等操作。

(7) 联机帮助功能。系统提供常用的工具如计算器等。

4. 通信

(1) 实验仪内置单片机,串型口通信方式为RS-232C,波特率为9 600 bps,1位停止位,无奇偶校验。

(2) 单片机采样共有8挡速率,由上位微机控制,采样芯片为AD574,12位分辨率。传感

器实验仪收到命令后自动发一组数据,以 80H 开始的共 57 个采样点,数据格式如下:

$$80H + (高 8 位 + 0 ⋮ 低 4 位) + \cdots + (高 8 位 + 0 ⋮ 低 4 位)$$
$$1 \qquad\qquad \cdots \qquad\qquad 57$$

(3) 连线图如下:

$$实验仪 \longrightarrow PC 串行口$$
$$随机器配送电缆$$

5. 操作系统平台和开发语言

本应用软件使用的操作平台是 Microsoft 公司的 Windows 9X 视窗操作系统,用 Visual Basic 语言开发编程,另外还用到了一些其他的工具软件,如 Windows Help Designer 等。在软件中还调用了 Windows 提供的一些系统功能,与此相关的 ActiveX 部件和动态链接库(.ocx 文件和.dll 文件)在安装时会自动设置。

二、应用软件安装

1. 提示

本软件包括一张光盘。

2. 安装方法

(1) 先在硬盘建立新文件夹作为工作目录,名称可自己定义(如赛特 FORWIN),也可以在安装过程中边安装边建立。

(2) 在光驱中插入安装光盘,进行入"set-V65 安装"目录,双击运行盘片上的 SETUP. EXE 程序(该程序约 88 KB)。

(3) 按屏幕提示操作,直到安装完成。

3. 说明

安装完成后,当前工作目录中应包括下面一些类型的文件:①应用程序 sait. exe;②配置文件 Glcfg. ini;③Access 实验数据库文件 GL. mdb;④用户实验数据文件 GL. dat;⑤其他演示模拟数据文件,如动态 25 Hz 500 点. dat 表示以 500 点/s 的采样速度获得的频率为 25 Hz 的正弦波数据文件;⑥帮助文件。

4. 运行

在 Windows 下,进入"我的电脑"或"资源管理器",双击 sait. exe 文件图标即可运行程序,或者进入光盘"set-V65 软件"目录,直接双击 sait. exe 文件图标。

三、软件使用说明

1. 窗口说明

(1) 运行程序后,进入主界面,这是工作窗口,一般操作都在该窗口下进行。

(2) 窗口最上部是标题栏,显示赛特软件的图标和 V6.5 版本号,标题栏的右侧是最大化、最小化和还原按钮,通过它们可进行最大化、最小化和还原操作。

(3) 标题栏的下方是菜单栏,本软件共有 6 个子菜单,分别是文件、实验、设置、分析、工具和关于。

(4) 菜单栏下方是窗口的主要部分,其左侧是一个数据表格框,用以显示实时采样数据;右侧是一个图形框,用来显示实时采样曲线;右下角是实时时钟;底层是设置栏,用来设置工作参数及方式,分通信、采样、实验、操作四个窗口。

2. 初次使用

(1) 在设置栏中,选中通信设置,在通信设置小窗口单击 COM1 或 COM2 选择微机串型通信口。之后在通信波特率设置小窗口单击 9600 波特率。

(2) 打开"文件"子菜单,执行"文件"→"打开"命令,出现当工作目录下的 DAT 数据文件,选中一个数据文件并打开,主窗口图形框显示该文件的图形曲线,这是系统的演示曲线,然后打开"文件"子菜单,执行"文件"→"保存"命令,将其以 GL. dat 为文件名保存。

(3) 打开"实验"子菜单,选择管理实验记录,将出现当前工作目录下的 GL. mdb 实验数据库窗口,内有系统提供的约几十条格式参考记录,然后退出数据库,返回主窗口。

(4) 打开"文件"子菜单,执行"退出"命令(或者单击主窗口右上角的关闭按钮),退出应用软件返回 Windows 主界面。

3. 实验操作步骤

(1) 首先打开实验子菜单,选择实验登录。当出现实验登录窗口后,在用户编号文本框中输入编号(10 位字符),由用户按照院、届、系、班、学号自行编码,以回车结束。然后用同样的方法输入姓名,也以回车结束输入。接下来在实验名称编号框中输入实验编号(2 位字符),以回车结束,在实验名称文本框中输入实验名称、字符型,以回车结束。若为规范实验,则应以打开实验名称数据库列表框,单击或拖动滚动条,再单击列表框内的实验名称,选择将要做的实验类型。这时计算机自动在实验编号文本框和实验名称文本框内填入选中的内容,单击"确定"(或"取消")按钮返回主窗口。

(2) 对于实验管理员或教师,在实验登录时输入代码可获得更高的权限管理数据库。他们可以通过添加和删除两个命令按钮对数据库进行维护,包括向数据库内添加记录、删除记录等操作。对于一般实验用户而言,这两个命令按钮无效。

(3) 在设置栏的"采样"窗口选择采样速率,采样速率 8 挡可选,分别是 10 000 次/s、7 500 次/s、5 000 次/s、2 500 次/s、1 000 次/s、500 次/s、250 次/s 和 125 次/s。

(4) 在"幅值"框窗口选择 Y 轴上限电压,单击选中后确认。

(5) 打开实验设置中的实验方式列表框选择实验方式,实验方式有 4 种可选,分别是动态采样、单步输入、双向单步、定时采样。

(6) 根据实验要求单击实验设置中的单位值进行 X 单位选择。

(7) 根据实验要求单击实验设置中的采样步数进行选择。静态实验的采样点数为 1～99 点可选,动态实验每一次通信从下位机中采集 57 个数据后画出波形曲线。

(8) 根据实验要求单击实验设置中的 X 值量纲选择所需的 X 量纲。

(9) 单击"常规"按钮选择常规工作方式。

(10) 联机实验(具体方法后面根据不同的实验方式进行介绍)。

(11) 如果单击"连续"按钮,则采样将以自动扫描方式进行,相当于一台低频示波器,通过设置栏的"实验"窗口的帧切换框可改变扫描的速度,单击"操作"窗口的"低频慢扫描"按钮即可运行。

(12) 实验完成后,打开"文件"子菜单,执行"文件"→"保存"命令,出现当前工作目录下的 dat 数据文件,选中 GL. dat 文件后保存,或者用另存为的方法将数据文件存入到盘。一般 GL. dat 数据文件每次保存时都将上一次的内容覆盖,只能作为临时存放文件,故建议用户用另存为的方法将数据文件存放到软盘。

(13) 打开"实验"子菜单,选择保存实验记录进行保存。

(14) 若打印机已连接,可打开"实验"子菜单,选择打印实验报告项,这时出现 Windows 的打印窗口,用户先选择属性,再打开属性窗口,选择"A4 纸复印纸"、"横向打印"后确认,即要进行打印。

(15) 打开管理实验记录子菜单,在实验数据库中核对本次实验记录。

(16) 单击"复位"按钮准备进行下一个实验,或者打开"文件"子菜单,选择退出则退出应用软件返回 Windows 主界面。

4. 实验记录管理

(1) 实验记录数据库为 Access 数据库,文件名为 GL. mbd,放在当前工作目录,由下列字段组成。

编号:10 位文本类型。

姓名:10 位文本类型。

实验名称:50 位文本类型。

实验编号:10 位文本类型。

实验日期:8 位日期类型。

采样点数:整型数值类型。

数据文件:50 位文本类型(存放数据文件的路径)。

进入实验数据库,出现卡片式界面,每一张卡片内显示一张表,代表实验记录的一种排序方式,共有 5 种方式,分别是按顺序、按编号、按姓名、按实验日期和按实验名称排序。

(2) 学生每做完一次实验,先将数据保存到数据文件,然后打印输出实验报告,并且在实验数据库中生成一条实验记录。学生可以打开管理实验记录子菜单,在实验数据库中查看实验记录。

(3) 实验管理员或教师在实验登录时输入代码可获得更高的权限,对实验数据库记录进行删除、修改、查询等操作。

(4) 实验记录删除操作。进入实验数据库窗口,出现数据库表格,单击左边的记录指示箭头,选中记录后按 Del 键删除该记录。

(5) 实验记录修改操作。进入实验数据库窗口,出现数据库表格,单击左边的记录指示箭头选中记录,或者用上下移动键改变当前记录指针的位置。选定要修改的记录后,单击要修改的字段进行修改(也可以用左右移动键操作)。修改操作中,Windows 的复制(Ctrl+C)、剪切(Ctrl+X)、粘贴(Ctrl+V)均有效。

(6) 增加实验记录。除了用保存实验记录的方法增加一条记录外,管理员还可以进入实验数据库窗口手工添加记录。方法是:将指针移动到数据库底部,则数据库自动增加一条空记录(表格左边显示 * 标记),然后人工输入该记录字段的内容后退出。

(7) 若有汇总或者统计要求,则需定期复制并整理数据库存,以防数据丢失。

5. 实验方式

实验方式可分为动态采样、单步输入、双向单步和定时采样四种,用户可根据具体实验内容来选择实验方法。通常,动态采样方式用于采样随时间变化的实时曲线,单步输入适用于自变量方向递增或递减的实验,双向单步适用于自变量正反向可变的实验,定时采集则适合等时间间隔采样、连续采样。

1）动态采集

首先要完成动态实验连接准备工作，接着，单击操作窗口中的开始命令按钮，计算机便以预先设定的采样速度连续采集 57 点数据，并在屏幕左边数据框中显示出 57 个动态数据。然后一次性绘出采样曲线波形，并在图形上方同步显示该波形的最大值、最小值。

屏幕图形框中，X 轴坐标单向，表示时间，共分成 30 格，每一格表示一个时间单位；Y 轴坐标双向，表示实验仪输出的电压信号。Y 轴坐标电压上下限可以打开 Y 轴电压上限列表框改变，其正向的最大值为－100 mV。当采集数据的最大值超过用户选定的 Y 轴电压上限时，系统会提示后自动进行调整。工作时，每单击一次开始命令按钮，便显示一条曲线。动态采样还有双踪功能，若用户选中驻踪复选框则处理双踪，这时计算机不清除上一次的曲线，而是用另一种前景颜色画出第二次采集到的曲线，便于用户进行比较分析。

2）单步采样

用户首先要完成单步实验连接准备工作，然后单击开始命令按钮。原先采样按钮的文字是"开始"，当第一次按下后就把"开始"改为"下一个"，这时实验设置各列表框无法改动。每单击开始命令按钮一次，计算机采样一批数据求出平均值并在坐标上画出曲线。重复实验步骤直到设定的采样点数结束过程。

单步采样的图形框中，X 轴坐标单向，根据用户设定的采样点数区分成 30 格、60 格、60 格以上 3 种，每一格表示一个 X 单位值，其量纲也由用户设定。Y 轴坐标双向，表示实验仪输出的电压信号均值，Y 轴坐标电压上下限也可以打开 Y 轴电压上限列表框选择，然后单击"确定"按钮，Y 轴坐标电压越限时系统也能自动调整。

单步采样时，窗口下方的数据表中还同步显示实时数据。

3）双向单步

双向单步基本和单步方式相同，与单步有所区别的是坐标原点位于图片框中央。计算机在程序中判断并标识采样点的 X 坐标，当第一次选定双向单步采样时，原来开始按钮会变成正向，并且会显示出一个归零按钮和一个反向按钮。正向采样时，单击正向按钮后，X 为正向累加，单击归零按钮后，X 归零，单击反向按钮则负的递减。在双向单步实验过程中，当 X 正向变化时，实验仪输出正电压，则实验曲线画在坐标的第一象限，实验仪输出负电压，则实验曲线画在坐标的第四象限。而当 X 反向变化时，实验仪输出正电压，则实验曲线画在坐标的第二象限，实验仪输出负电压，则实验曲线画在坐标的第三象限，窗口下方也显示一个工作数据表，与单步输入模式相同。

实验操作时，用户一般先做正向输入变化的实验，每做完一步，便单击正向命令按钮一次，系统便自动绘出该点的实验曲线，并在工作数据表中同步显示 Y 值。当正向输入变化实验结束后，用户单击归零命令按钮，则坐标归原点，然后进行逆向操作。若用户做的是回差实验，则坐标点不应归零。

4）定时采样

进入定时采样模式，屏幕显示的工作画面与单步输入基本相同。与单步输入有所区别的是，在主窗口的底部出现进度条并自动显示当前的工作进度。操作时用户不需要单击命令按钮,而是由系统定时采集数据。

6. 分析

1) 实验数据表

选中实验数据表,计算机将当前的数据(动态及静态)以表格的方式显示出来。

2)动态频率分析

屏幕先显示图形框及曲线,然后用户选中一个完整的动态波形曲线,单击选择波形起点,右击选择波形终点,屏幕将自动显示动态波形的频率。用户按下回车键后重复此过程。

3)非线性误差分析

软件还能对图形框中的曲线分段进行非线性误差分析。单击非线性误差分析的卡片框,屏幕先出现图形框及曲线,图形框的下面还有一个滑块。然后,计算机扫描鼠标键,判断用户单击、右击信号并作相应的处理。用户应先单击选择线段的起点,然后用左键拖动滑块至线段的终点,释放滑块表示选择结束。软件自动在起点和终点之间用线段连接,并显示出最大偏差值。用户右击后重复该过程。

由于软件能进行线性分段及重复分析,对于那些需要分段进行非线性误差补偿的设计场合,该软件提供了极大的方便。

7. 计算器

为方便用户,软件提供了一个计算器,主窗口的快捷键是 Ctrl+J。

8. 弹出菜单

用户右击可以打开快捷菜单。

9. 退出应用软件

方法一:选择文件中的退出子菜单。

方法二:双击主窗口右面窗体。

方法三:单击主窗口右上方的关闭按钮。

部分思考题答案

第三章 基础性实验项目

实验三 金属箔式应变片——全桥性能实验

四、思考题

（2）测量中，当两组对边（R_1、R_2 为对边）电阻值 R 相同时，即 $R_1=R_2$，$R_3=R_4$，而 $R_2≠R_3$ 时，是否可以组成全桥？

答：可以，只是这样不利于测量后的分析和计算。

实验六 差动变面积式电容传感器的静态及动态特性实验

四、思考题

（1）什么是传感器的边缘效应？它会对传感器的性能带来哪些不利影响？

答：对于平行板型电容器，理想平行板电容器的电场线是直线的，但实际情况下，在靠近边缘的地方会变弯，越靠边就越弯得厉害，到边缘时弯得最厉害，这种弯曲的现象叫做边缘效应。

可能会使得电容式传感器的输出阻抗变得更大，使得寄生电容产生的影响变大，也有可能使得输出特性的非线性变得更加不好。

（2）电容式传感器和电感式传感器相比有哪些优缺点？

答：优点包括：①输入能量小，灵敏度高；②动态特性好；③结构简单，环境适应性好。

缺点包括：①非线性较大；②受外界电容影响大；③出阻抗大，负载能力差。

实验七 差动变压器（互感式）的性能实验

四、思考题

（2）用测微头调节振动平台位置，使示波器上观察到的差动变压器的输出阻抗端信号最小，这个最小电压是什么？是什么原因造成的？

答：最小电压被称为零点残余电压。当活动衔铁向上移动时，同于磁阻的影响，ω_{2a} 中磁通将大于 ω_{2b}，使 $M_1>M_2$，因而 E_2 增加，而 E_{2b} 减小。反之，E_{2b} 增加，E_{2a} 减小，因为 $U_2=E_{2a}-E_{2b}$，所以当 E_{2a}、E_{2b} 随着衔铁位移 x 变化时，U_2 也必将随 x 变化。下图给出了变压器输出电压 U_2 与活动衔铁位移 x 的关系曲线。实际上，当衔铁位于中心位置时，差动变压器输出电压并不等于零，把差动变压器在零位移时的输出电压称为零点残余电压，记为 U_x，它的存在使传感器的输出特性曲线不过零点，造成实际特性与理论特性不完全一致。零点残余电压产生的原因主要是传感器的两次级绕组的电气参数与几何尺寸不对称，以及磁性材料的非线性等问题。

实验十　被测体材料对电涡流传感器特性的影响实验

四、思考题

（1）通过实验结果比较铜测片和铁测片哪一个的灵敏度高，并说明原因。

答：传感器特性与被测体的电阻率 ρ、磁导率 μ 有关，当被测体为导磁材料（如普通钢、结构钢等）时，由于涡流效应和磁效应同时存在，磁效应反作用于涡流效应，使得涡流效应减弱，即传感器的灵敏度降低。而当被测体为弱导磁材料（如铜、铝、合金钢等）时，由于磁效应弱，相对来说涡流效应强，因此传感器感应灵敏度要高。

第四章　综合设计性实验项目

实验一　直流全桥的应用——电子秤的设计

四、思考题

什么因素会导致电子秤的非线性误差增大？应如何消除？若要增加输出灵敏度，应采取哪些措施？

答：环境因素和实验器材的校正不准会导致非线性误差增大，通过多次校正，调节变位器可消除或减少误差。若要增加输出灵敏度可增加相形放大电路。

第五章　趣味性实验项目

实验三　差动变压器（互感式）零点残余电压的补偿

四、思考题

本实验能否把电桥平衡网络搬到次级线圈上进行零点残余电压补偿？

答：本实验能把电桥平衡网络搬到次级线圈上进行零点残余电压补偿。

实验九　湿敏电阻实验

四、思考题

将湿敏元件长期暴露在待测环境中会产生什么影响？

答：湿敏元件的线性度及抗污染性差，在检测环境湿度时，将湿敏元件长期暴露在待测环境中，很容易被污染而影响其测量精度及长期稳定性，所以这方面没有干湿球测湿方法好。

参考文献

［1］陈杰,黄鸿.传感器与检测技术［M］.北京:高等教育出版社,2010.

［2］刘爱华,满宝元.传感器实验与设计［M］.北京:人民邮电出版社,2010.

［3］田裕鹏,姚恩涛,李开宇.传感器原理［M］.北京:科学出版社,2007.

［4］杨少春,万少华,高友福,等.传感器原理及应用［M］.北京:电子工业出版社,2011.

后　记

　　《传感器原理实验》是根据杭州赛特传感器技术有限公司设计研制的 SET-998A 型传感器系统综合实验仪编写的一本实验教材。本实验教材根据高等院校对电气、电子类学生专业课的实验要求，基于课程的基本内容，通过实验加深学生对所学内容的理解和增强学生的实验动手能力。本实验教材把实验分为基础性实验、综合设计性实验和趣味性实验，每个实验都对实验的基本工作原理进行了简要概述，并给出了实验内容、要求和步骤，通过这些实验可以培养学生解决实际问题和设计的能力。

　　本实验教材编写的主要目的是为我院学生传感器实验课提供一本合适的教材，因此，本书在编写过程中结合了我院学生实验课的实际情况，并在完成初稿后，在我院部分班级试用了一个学期。试用后，郎建勋老师广泛征求学生意见，编写组根据意见反馈的情况，对本实验教材作了修改。

　　另外，编写组要特别感谢在成书过程中关心和支持我们的学院领导、物联网教研室的各位老师的指导和帮助，感谢学生张艳平、卢伟对本实验教材的校对，感谢出版社的全力配合。

　　由于编写组水平有限，教材中可能会存在不妥之处，希望各位老师和同学们能及时给予批评和指正，谢谢！

编　者

2012 年 3 月 1 日